高温油气井筒密闭环空压力产生机理与防控措施

孙腾飞　张　波　陆　努　张　杨　曹立虎　著

中国石化出版社
·北京·

内 容 提 要

本书对高温油气井筒密闭环空压力起压机理与防控技术进行了论述分析，旨在进一步完善环空压力的理论体系，为油气安全生产等提供参考。书中系统介绍了密闭环空压力的产生条件、工程背景、典型案例和研究现状；建立了环空起压机理模型，分析了不同因素和条件下的环空起压过程及变化规律；评估了环空带压的危害和风险，包括油套管损伤、水泥环密封失效等；论述了密闭环空压力的控制措施，提出了井筒隔热和泄压套管的优化设计方法；开展了环空注氮控压的机理及优化设计研究，讨论了各类因素的影响和优化策略；对相关研究进行了总结和展望。

本书可作为石油工程、海洋油气工程、碳储科学与工程和油气安全工程等领域从业人员的参考用书，也可作为相关高等院校的教学参考用书。

图书在版编目(CIP)数据

高温油气井筒密闭环空压力产生机理与防控措施／孙腾飞等著．—北京：中国石化出版社，2024.1
ISBN 978-7-5114-7434-6

Ⅰ.①高… Ⅱ.①孙… Ⅲ.①油气井-井压力-研究
Ⅳ.①TE22

中国国家版本馆 CIP 数据核字(2024)第 030351 号

中国石化出版社出版发行

地址:北京市东城区安定门外大街 58 号
邮编:100011　电话:(010)57512500
发行部电话:(010)57512575
http://www.sinopec-press.com
E-mail:press@sinopec.com
北京艾普海德印刷有限公司印刷
全国各地新华书店经销

*

710 毫米×1000 毫米 16 开本 8.75 印张 142 千字
2024 年 2 月第 1 版　2024 年 2 月第 1 次印刷
定价:68.00 元

前言 PREFACE

随着油气勘探开发不断迈向深水和深部地层，油气井筒的温压条件更加苛刻，油气井筒的井身结构更加复杂，固井作业难度更高。井筒形成了多个相邻的环空，在地层高温产出流体的作用下，残存在环空中的液体产生温压效应，进而诱发密闭环空压力，严重危害油气井筒的完整性，亟须开展系统性的研究。

为有效控制密闭环空压力带来的风险，开展了高温油气井筒密闭环空压力的预测分析、风险评价和调控研究，旨在进一步完善环空压力防控的理论体系。本书系统论述了高温油气井筒密闭环空压力的起压机理、风险危害和控制技术，介绍了密闭环空压力的产生条件、工程背景、典型案例和研究现状，建立了环空起压机理模型，分析了不同因素和条件下的环空起压过程及变化规律，评估了环空带压的危害和风险，包括油套管损伤、水泥环密封失效等，论述了密闭环空压力的控制措施，提出了井筒隔热和泄压套管的优化设计方法，开展了环空注氮控压的机理及优化设计研究，讨论了各类因素的影响和优化策略，并对高温油气井筒密闭环空压力风险防控技术进行了总结和展望。

本书由陈修平、王庆、李成、胜亚楠、韩超、郑钰山、邓金睿、李学峰和孙佶沛等人协助完成，得到了管志川、李军、张辉、A. R. Hasan等教授的指导。在全书的编写过程中，得到了中国石油大学(北京)、中国石油大学(华东)、中国石油塔里木油田分公司、中国石化西北油田分公司、中国石油安全环保技术研究院、中国石油勘探开发研究院和西南石油大学等单位的大力支持，在此一并表示感谢!

特别感谢国家自然科学基金面上项目“高温高压气井环空压力动态

预测及安全评价研究”(项目编号：52074018)、国家自然科学基金面上项目“超深裂缝地层溢流多相流动机理及气体侵入类型识别研究”(项目编号：52274001)、国家自然科学基金青年项目“深水高温高压井钻采过程中密闭环空压力预测和套管柱力学研究”(项目编号：51504284)、中国博士后科学基金面上项目“温压效应下环空液体漏失机理与热膨胀压力可控性研究”(项目编号：2019M662467)、北京市科技新星计划(项目编号：20230484365)给予的资助。

由于编者水平有限，书中难免存在不足之处，恳请读者批评指正。

目录 CONTENTS

第 1 章　井筒密闭环空压力概述

随着国内油气增储上产力度的不断加大，深水、深层和非常规等复杂高温油气资源的产能建设取得了一系列的重大突破。在上述背景下，国家相关部门要求“有效防范化解油气增储扩能带来的安全生产风险，提出前瞻性、系统性、针对性措施”。作为井筒安全服役所面临的严峻挑战之一，如何正确识别理解环空压力，进而进行科学管控成为保障油气田安全生产的重要议题。基于此，本章概述了密闭环空压力的研究现状，以为后续的深入分析奠定基础。

1.1　密闭环空压力及其工程背景

1.1.1　井筒环空及环空压力定义

由于地层信息的不确定性和压力层系的复杂性，需要下入套管以隔离不同压力体系的地层。套管下入井筒后，需要从井口经过套管柱将水泥浆注入井壁与套管柱之间的环空中将套管柱和地层岩石固结起来，以便于后一步的钻进或其他生产，最终在完井后下入生产管柱投产。各层次管柱之间的环形空间被称为环空，这是有别于钻井中钻杆与井壁之间的环空的。

如图 1-1 所示，井筒往往存在多个环空，由内到外称为 A 环空、B 环空、C 环空……其中 A 环空通常指的是油套环空，也就是生产管柱与生产套管之间的环形空间，其他环空为套管环空。此外，还可根据环空中是否含有液体，把井筒环空划分为含液环空和非含液环空。另外，根据与地层连通与否，环空还可划分为密闭环空和非密闭环空。

各个环空在井口处的压力被称为环空压力。如表 1-1 所示，根据不同的环空条件和压力来源，环空压力的类型主要包括三大类：①鼓胀效应诱发的环空压力；②密闭环空压力(Annular pressure buildup/Trapped annular pressure)；③持续环空压力(Sustained annular pressure)。三种类型环空压力在压力产生原因、压力传递通道和驱动力上存在显著的区别。其中，鼓胀效应诱发的环空压力主要与井下作业相关，如压裂、气举、井筒试压等，一般发生在充满液体的油套环空。井下作业所施加的高压导致油管内压力增加，油管柱径向膨胀量增加，导致油套环

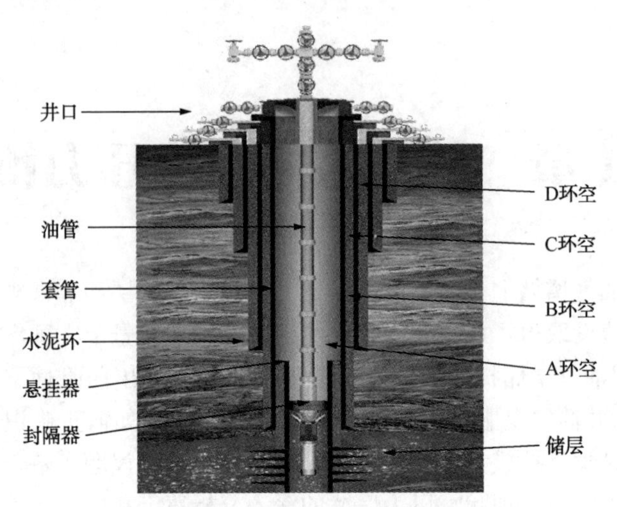

图 1-1　井筒环空示意图

空体积减少，从而压迫油套环空内的液体，产生环空压力。鼓胀效应诱发的环空压力在井下作业结束后就会消除，一般不会对油气井的正常生产造成影响，因此不作为诊断防控的重点对象。

表 1-1　不同类型环空压力对比

序号	类型	原因	压力产生原因	压力传递通道	驱动力
1	鼓胀效应诱发的环空压力	井下作业	环空体积收缩压迫	—	作业施加的压力
2	密闭环空压力	环空液体温度上升	环空液体体积热膨胀	井筒径向传热	产出流体与地层间温差
3	持续环空压力	高压流体泄漏	高压流体运移聚集	水泥环、封隔器、油套管等	泄漏点/泄漏通道两侧压差

1.1.2　井筒环空带压的危害性

目前国内外主要油气产区均出现了环空带压现象，国外主要有加拿大热采区块、墨西哥湾、西非深水区域、欧洲北海区域、印尼海域的油气井。国内方面，主要有我国的南海、塔里木、川渝、大庆庆深和吉林长岭等区域的油气井。如图 1-2 所示，四川盆地某地高温高压气田井筒 A 环空异常带压井占比达 34%，B 环空异常带压井占比 57%，C 环空异常带压井占比 32%。长岭气田 20 余口气井出现 A、B 环空同时带压情况。西南气区 44 口高含 H_2S 井中有 13 口井不同程度地存在井口带压，占比为 29.5%。美国海湾大陆架区的 15500 口气井中，有 52.4% 以上的气井存在环空带压现象，并且随着生产时间的增加，环空带压井的比例不断攀升。

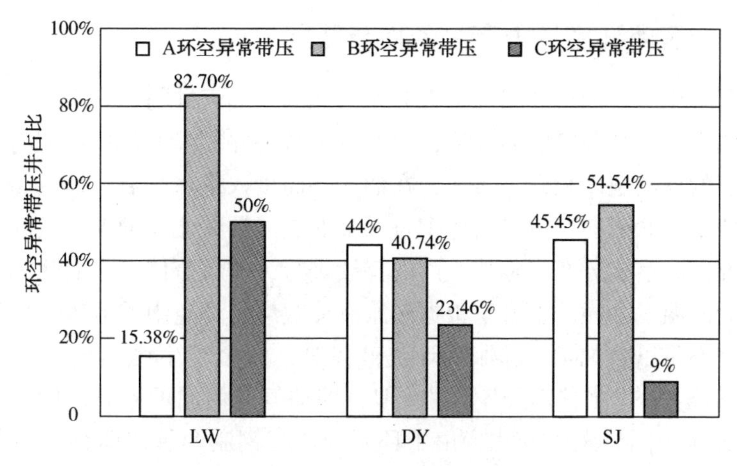

图 1-2　四川盆地某地高温高压气田环空带压井比例

环空压力危害极大，主要体现在井筒屏障损坏、产能损失和油气泄漏等方面。我国西部塔里木油田库车山前区域，由于环空带压问题，部分气井关停修井甚至暂时放弃生产，以 KeS8.2 井为例，修井作业历时 263 天，油管柱发生断裂，打捞落鱼致使生产套管磨损剩余强度不满足生产要求，封闭暂停生产。如图 1-3 所示，某高压气井 A 环空最高带压达到 76.6MPa，修井历时 122 天，综合成本超过 1 亿元人民币。美国 Aliso Canyon 储气库井筒套管破裂，气体在环空中积聚泄漏失火，经济损失达 10 亿美金。墨西哥湾 Pompano A-31 井由于环空带压导致套管严重变形，造成卡钻事故。同时，墨西哥湾 Marlin 油田深水油气井的废弃和 Mad Dog Slot 油气田 W1 井的油管变形等事故均与环空压力相关。与此同时，环空带压还是德国南部地热井、加拿大 Peace River 地区蒸汽注采井以及中国长宁-威远页岩气示范区套管损毁的主要原因之一。

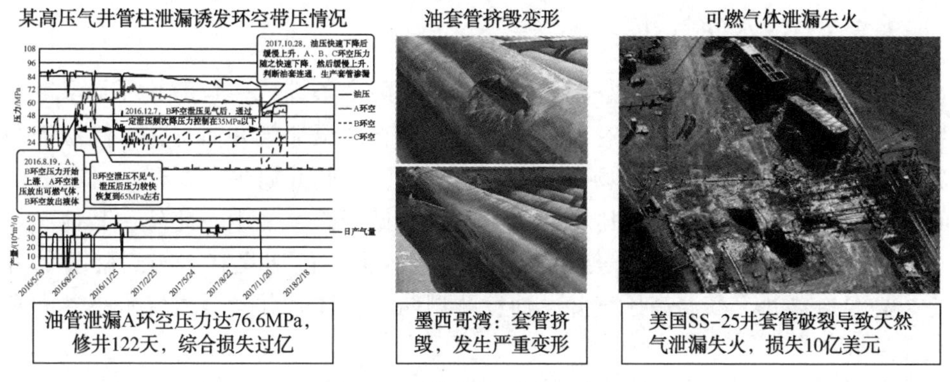

图 1-3　环空带压的典型危害

1.1.3 密闭环空压力产生条件与区别

密闭环空压力是油气井温度场再分布引起的。油气井筒在未正式生产前，地层高温流体不会扰动井筒的温度场，因此可以认为井筒温度保持在较为稳定的水平，与相邻的地层温度相同。然而，在油气井筒投入生产之后，地层高温流体沿着生产管柱由井底流向井口，由于来自深部储层的油藏流体的温度较高，因此整个井筒的温度会重新分布。随着生产的持续进行，油藏流体带来的热量在井筒中累积，井筒的温度会显著上升。根据热胀冷缩效应，环空中的液体会发生体积膨胀，当环空不足以容纳发生膨胀的环空液体时，就会产生密闭环空压力。上述过程与地质学中的“水热增压”作用类似，即油气井筒温度升高以后，环空和环空内液体的体积同时发生变化，由于环空液体与钢制套管之间存在显著的热物性差异，因此密闭状态下的环空难以容纳发生热膨胀的环空液体，环空压力必然上升，从而对液体产生压缩效应，保证有限的环空体积可以容纳热膨胀液体。

复杂高温井筒具备了产生热膨胀环空压力的条件。首先，高温井筒所处的储层温度高，在生产过程中会改变井筒温度场，致使井筒升温，这就具备了热源。其次，复杂井身结构下产生含有液体的密闭套管环空。同时油套环空中会注入环空保护液，避免油管和套管被酸性气体腐蚀，降低封隔器两侧的压差，这就形成了含有液体的密闭空间。因此，密闭环空压力一直以来是复杂高温井筒完整性的重点研究内容，尤其是在深水油气井和高压气井中。

1.2 密闭环空压力产生的工程背景

1.2.1 深水油气井

根据前述分析，密闭环空压力的产生需要两个条件：一是引起环空温度场变化的热源；二是密闭且含有液体的空间。对于高温油气井而言，在高温油藏流体的影响下，井筒的温度场再分布是必然的，因此井筒中只要存在含有液体的密闭空间，就会产生环空压力。这一现象常见于深水井中。此外，其他满足上述两个条件的油气井筒也会产生密闭环空压力，包括具有多级封隔器的井筒、高温地热井、高温高压气井、油气藏型储气库注采井、页岩气水平井和蒸汽注采井等。

如图 1-4 所示，受地层信息不确定性的影响，深水油气井的套管层次较多。同时由于固井技术限制和防止井口被水泥封堵等原因，深水油气井的水泥浆一般不返至井口，深水油气井一般采用水下井口，整个井筒被密闭于泥线以下，便形成了密闭含液环空。因此密闭环空压力多出现于深水油气井。除产出液外，钻井液从井底循环上返过程中温度增加，进而提升了外层环空的温度，因此不仅在生产测试过程中，深水油气井钻井过程中也会产生密闭环空压力。目前中国南海、墨西哥湾、西非尼日利亚、巴西和印尼等深水油气田均出现了密闭环空压力。

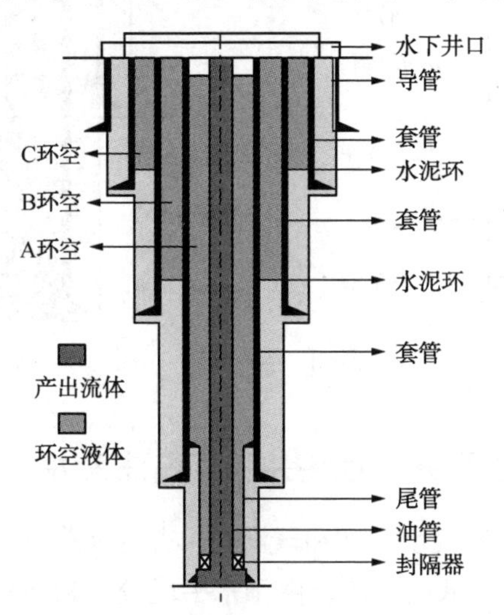

图 1-4 深水油气井多层次环空示意图

1.2.2 具有多级封隔器的油气井

多级封隔器主要用于需要进行分段改造、分层注采或多级压裂的油气井中。如图 1-5 所示，多级封隔器之间形成了密闭环空，使油气井具备了产生密闭环空压力的条件。同理，尾管悬挂器和下部的第一个封隔器之间也会形成密闭空间，产生密闭环空压力。这一现象已经出现在了塔里木油田、四川盆地，丹麦北海 Elly 及 Luke 油田和墨西哥湾 Magnolia 深水油气田的部分油气井。

1.2.3 高温高压气井和储气库注采井

如图 1-6 所示，高温高压气井和储气库注采井的油套环空(A 环空)中会注入环空保护液，目的是避免油管和套管被酸性气体腐蚀，同时降低封隔器两侧的压差。环空保护液在注采过程中发生热膨胀产生密闭环空压力。新疆、华北等地的储气库，新疆及渤海湾地区的气田，四川盆地的元坝和普光等高含硫气田的气井油套环空中均出现了密闭环空压力。受限于固井技术和地层性质，部分高压气井不具备全井段固井的条件，此时环空压力也会出现在气井的套管环空之中。

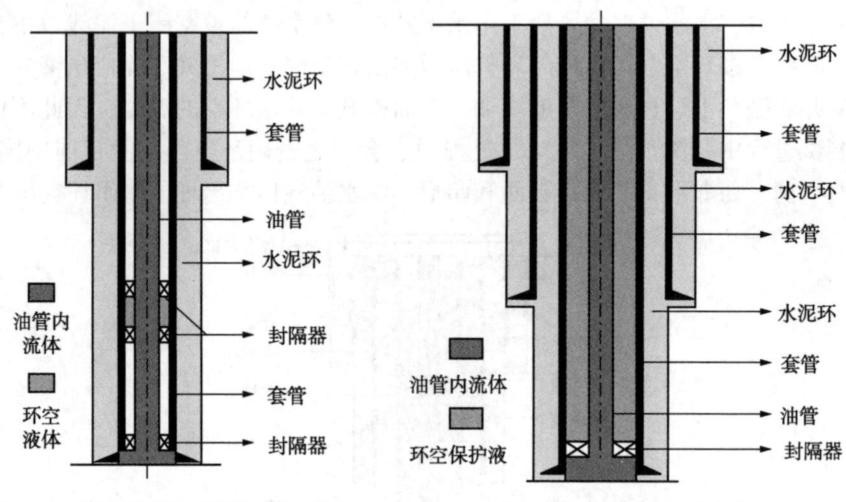

图 1-5　多级封隔器密闭环空示意图　　　　图 1-6　油套环空示意图

1.2.4　页岩气水平井、地热井和蒸汽注采井

如图 1-7 所示，页岩气水平井和蒸汽注采井这两类油气井中的密闭空间是由于固井质量差和顶替效率低引起的。由于水平段较长和套管偏心等原因，页岩气水平井生产套管和储层之间的水泥环部分缺失，页岩气储层具有低渗致密的特点，因此在生产套管和页岩气储层之间就形成了密闭空间。蒸汽注采井的密闭空间则形成于生产套管和技术套管之间的水泥环缺失部位，高温蒸汽加热残留的液体，产生密闭环空压力。在压裂或注汽过程中，密闭空间中的液体就会膨胀，产生密闭环空压力。此外，水泥浆水化过程中的水化放热也是此类密闭环空压力产生的热量来源。目前，密闭环空压力已经成为加拿大 Peace River 地区和我国长宁-威远国家页岩气示范区生产套管破裂变化的主要原因之一。

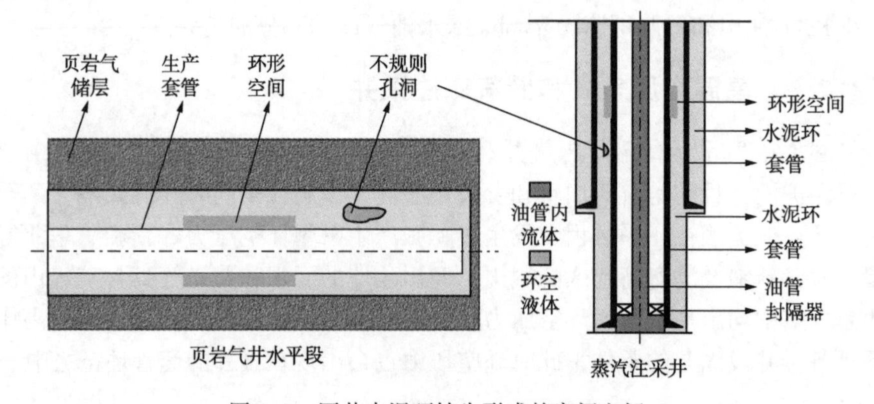

图 1-7　固井水泥环缺失形成的密闭空间

1.3 密闭环空压力起压案例分析

不同工程背景的密闭环空压力具有较大的差异性。为加深对井筒环空压力的认识和理解，本章选取了具有代表性的案例进行解析。

1.3.1 生产测试期间密闭环空压力解析

(1) 井况概览

A-2井位于北美墨西哥湾，于1999年11月开始首次投产。如图1-8所示，该井所在的水深为3230ft(1ft=0.3048m，下同)，利用尾管回接到Marlin张力腿平台。井眼轨迹分为两段，第一段为垂直井眼，深度为5400ft，然后以2°~3°/100m的造斜角达到45°。1999年11月6日起，该井开始投产。20h后泥线附近的温度到达了160℉。A环空内氮气气柱的压力从50psi(1psi=0.006895MPa，下同)涨到了70psi。上述参数是在3000万ft^3/d(标准)的产量下测量而得的。井筒状态在11月7日10时45分发生了变化，A环空压力以13.6psi/h的速度上升。在关井之前环空温度又下降了大约2℉。随后的诊断显示，安全阀上方的油管发生了泄漏。11月7日至20日之间，因为地面设备抖动和管道可用性的原因，A-2井调整了产量并随后关井。

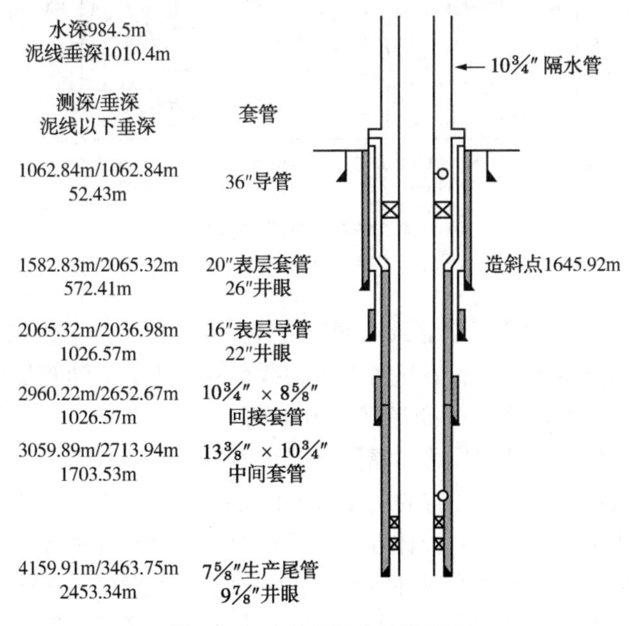

图1-8 A-2井井身结构简图

(2) 环空带压情况

如图 1-9 所示，A 环空压力的第一次上升发生在 11 月 7 日 10 时 45 分，由于传感器量程的原因，环空压力最终显示为 1068psi。11 月 7 日至 20 日间，A-2 井环空压力上升，后来由于井口泄压而下降。虽然在这期间由于调产和关井的原因，A 环空发生了热量变化，进而发生了压力变化，但是这种变化与泄漏导致的压力变化相比，是不在一个数量级上的。11 月 20 日该井发生了较大的泄漏，A 环空压力上升到与油压相等。上述 A 环空的压力波动表明，油管完整性失效，发生了泄漏导致 A 环空与油管连通。根据生产经验和数据显示，油管损坏的潜在原因之一就是密闭环空压力。外层套管的环空液体升温产生了密闭环空压力，导致套管变形挤压油管。在后期 A-2 井的重新设计中，也采用了隔热油管来防止套管环空产生高压。

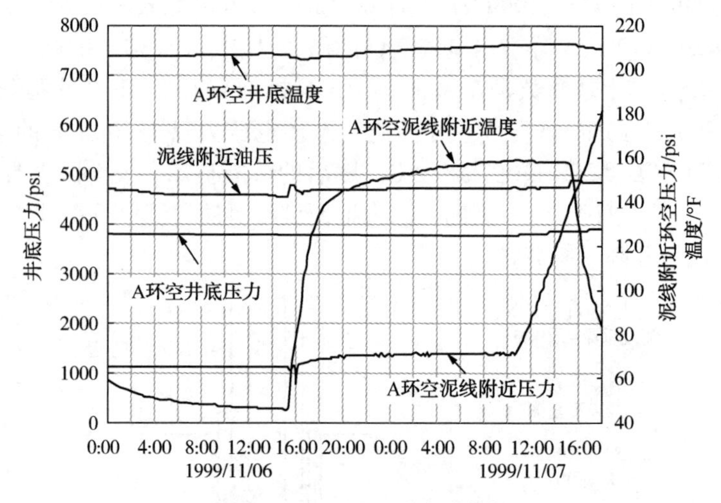

图 1-9 A 环空温压实测数据

(3) 带压原因分析

显然 A 环空的压力不足以导致油管被挤毁泄漏，但生产套管如果发生变形就会在油管上施加点接触载荷，在这种非均匀载荷的作用下，油管抗外挤强度会下降进而被挤毁。而生产套管的变形则与 B/C 环空的压力变化有关，即环空液体发生热膨胀，产生密闭环空压力。密闭环空压力的产生与以下因素有关：生产测试期间的环空液体升温、C 环空的重晶石沉积导致环空压力不能通过套管鞋处释放等，压力大小则受到了环空液体性质、环空弹塑性及刚性和环空升温程度的影响。有以下证据显示产生了密闭环空压力：①油管变形发生的深度与套管变形的深度是一致的，如图 1-10 所示；②模拟结果表明，井筒环空温度升高，导致密闭环空压力产生的载荷，接近于生产套管的屈服强度；③循环洗井返回的固体残渣与套管的材质相同。

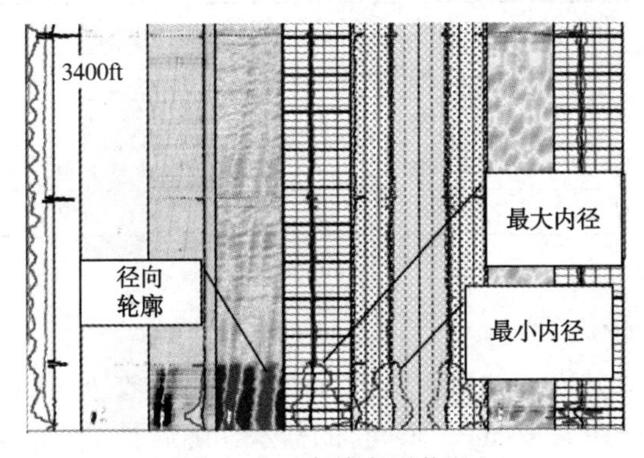

图 1-10 套管变形井段

1.3.2 钻井期间密闭环空压力解析

(1) 井况概览

PompanoA-31 井同样位于墨西哥湾，该井钻进到 9232ft 时发生了卡钻事故，钻柱被 16″套管卡在了 205ft 井深处。该井发生事故时的井身结构如图 1-11 所示，相关管柱参数如表 1-2 所示。分析结果表明，日常作业并不会导致该井的 16″套管变形，同样也不存在发生套管屈曲的条件。而环空内残留有钻井和固井的液体，因此怀疑高温作用下产生了密闭环空压力，导致 16″套管变形，进而卡钻。

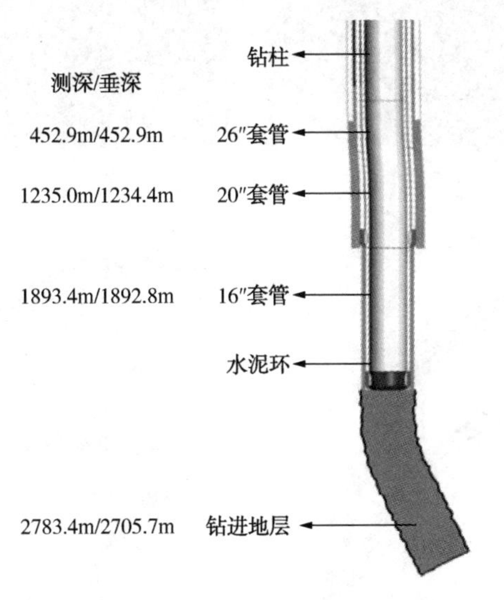

图 1-11 PompanoA-31 井卡钻时的井身结构简图

表 1-2 20″与 16″套管参数

外径	线重/(lb/ft)	钢级	扣型	顶深/m	底深/m
20″	133	X-56	BOSS	0	914.4
	169	X-56	BOSS	914.4	1235.4
16″	84	P-110	BOSS	0	452.9
	97	N80	BOSS	452.9	1892.5

注：1lb=0.4536kg。

(2) 环空带压情况

卡钻发生后，该井通过井口阀门进行放压，累计放压 500psi。最初放出的是密度为 10ppg(1ppg=0.12g/cm^3，下同)的盐水，随后是 10.5ppg 的合成泥浆。为查明套管损伤情况，对 16″套管在 1399m 深度进行了切割并上提，如图 1-12 所示，套管发生了明显的变形。因为发生变形的深度相对较浅，即使井内掏空，液柱压力仅为 136psi，相对于套管 1480psi 的强度，仍然不足以导致套管发生变形。如图 1-13 和图 1-14 所示，数值模拟显示，套管变形后会与钻杆发生接触，进而导致卡钻事故。

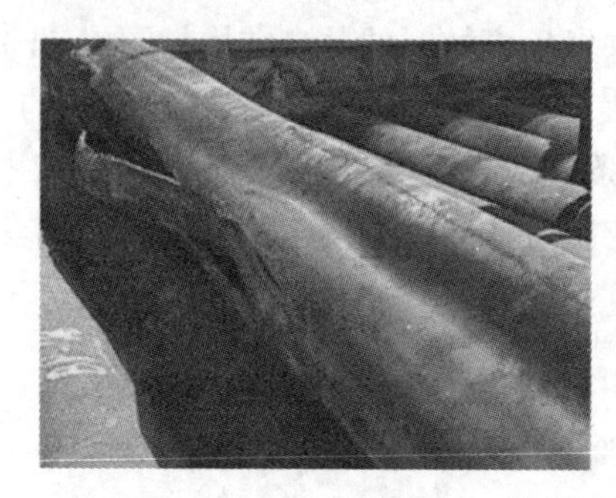

图 1-12 环空压力导致的套管损坏

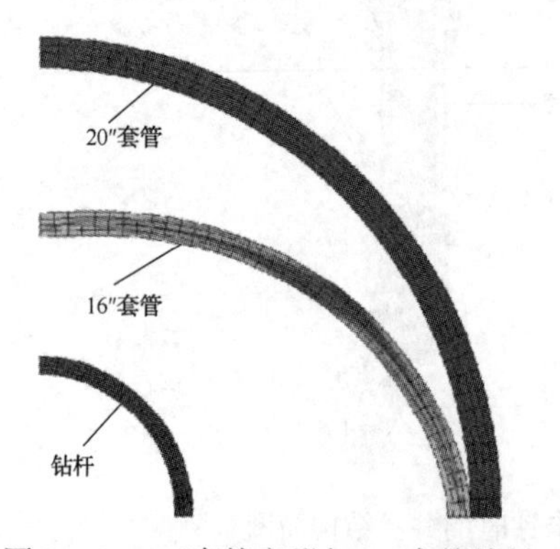

图 1-13 16″套管变形与 20″套管接触

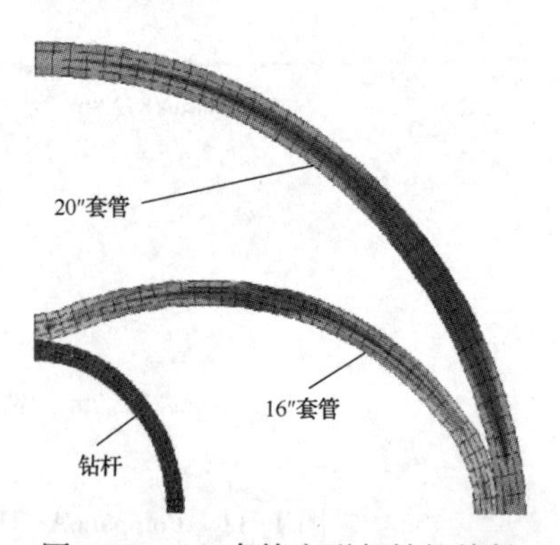

图 1-14 16″套管变形与钻杆接触

(3) 带压原因分析

该井是首例钻进过程中产生密闭环空压力的案例。分析可以发现，其具备了产生密闭环空压力的基本条件。如图 1-15 所示，钻井循环过程中，井底温度为 180℉，地面管线温度为 168℉，相对于初始温度大幅上升。并且，钻进过程中 16″环空的阀门也是关闭的，下层水泥环返高接近 20″套管鞋所在的深度，封闭了环空液体向地层漏失的通道，因此形成了密闭空间。模拟发现，此种情况下产生的密闭环空压力，导致套管发生严重变形。

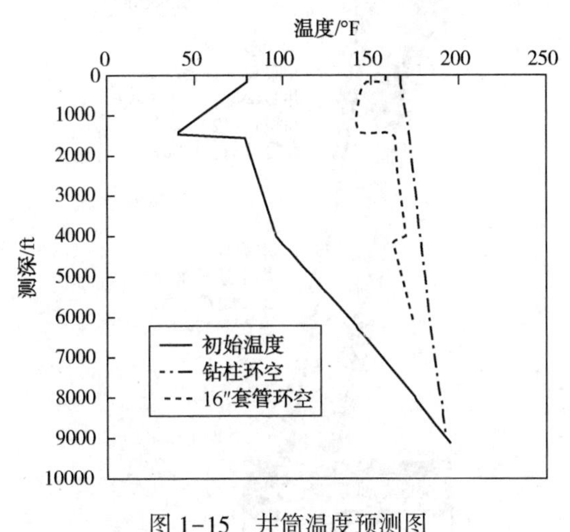

图 1-15 井筒温度预测图

1.3.3 蒸汽注采井密闭环空压力解析

(1) 井况概览

Shell 公司位于加拿大的某热采区块的数口蒸汽注采井发生了套损套变，分析认为残留在水泥环之中的水受热膨胀，产生密闭环空压力导致套损套变。该区块的典型井身结构如图 1-16 所示，所有井眼均钻至目的层位，向 Bulesky 地层和 Debolt 地层注入蒸汽。套管为二开层次，表层套管主要用于隔离 Glacial Till 地层的地下水，避免漏失和井眼失稳。生产套管为抗硫材质，主要是考虑蒸汽注入后会产生一定量的硫化氢。

(2) 环空带压情况

第一轮蒸汽注入结束后，选择了一口蒸汽注采井开展测井作业，发现在油管中遇阻。下入成像仪测量后显示，两口生产井和四口注入井发生了油管变形。在两口生产井中切割并上提油管后，测量发现相同深度的生产套管也发生了变形。图 1-17 显示了发生变形的 219mm 套管和 89mm 油管。诊断表明，水泥环内束缚的液体升温，产生密闭压力，是可能导致油套管损坏的原因。因为蒸汽注入的温度达到了 320℃，两层套管之间的液体会大幅升温，产生高压，进而超过生产套管的抗外挤强度。

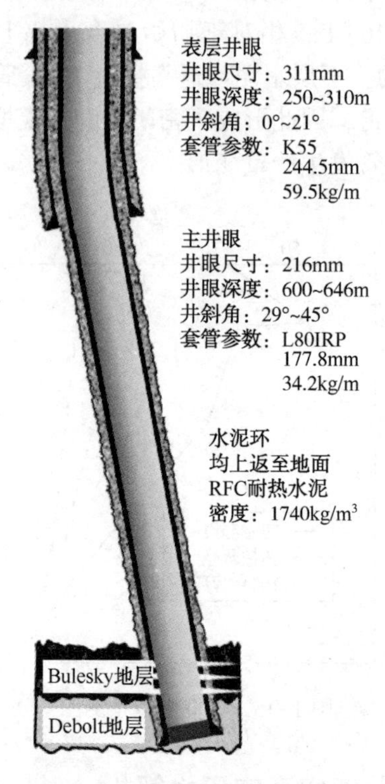

图 1-16　蒸汽注采井结构示意图

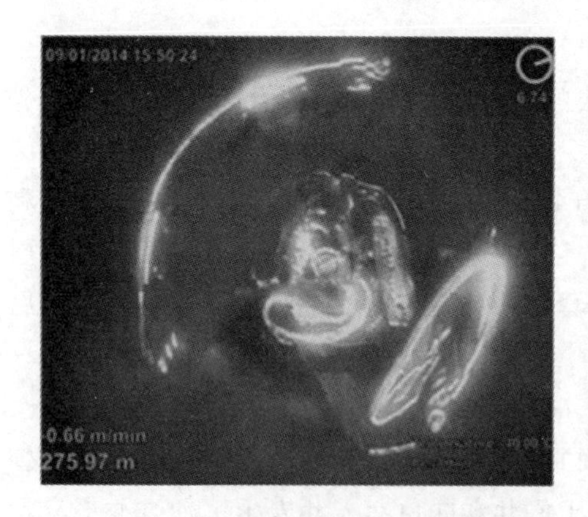

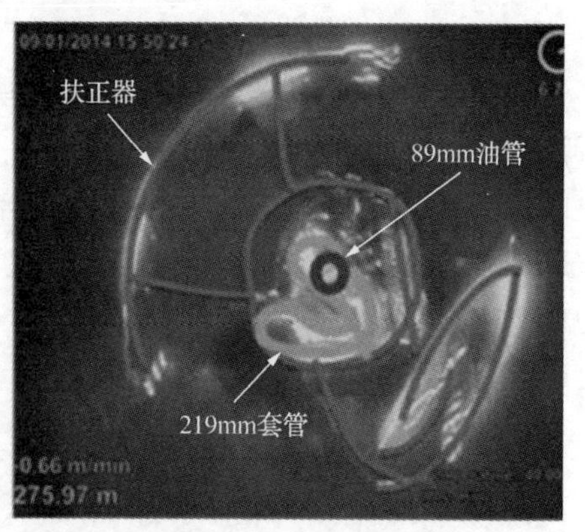

图 1-17　蒸汽注采井中密闭环空压力引起的套管损坏井下成像图

(3) 带压原因分析

套管间水泥环存在液体的原因，主要有以下几点：①顶替效率低，导致液体残留在内层套管的外壁或者外层套管的内壁；②水泥浆中分离出的液体，导致水泥环中产生了自由水；③水泥收缩或者漏失；④水泥环孔隙中残留的未反应的水。因此，形成了含有液体的密闭空间。如图 1-18 所示，测试结果表明，在 20~200℃的升温范围内，水泥浆混合物产生了高压，范围在 28~94MPa。在水泥浆中混入空心玻璃球可以缓解这类密闭环空压力，如图 1-18 所示，在混入 15%空心玻璃球以后，最大环空压力可由 98MPa 降低为 12MPa，显示出空心玻璃球作为密闭环空压力调控措施的巨大潜力。

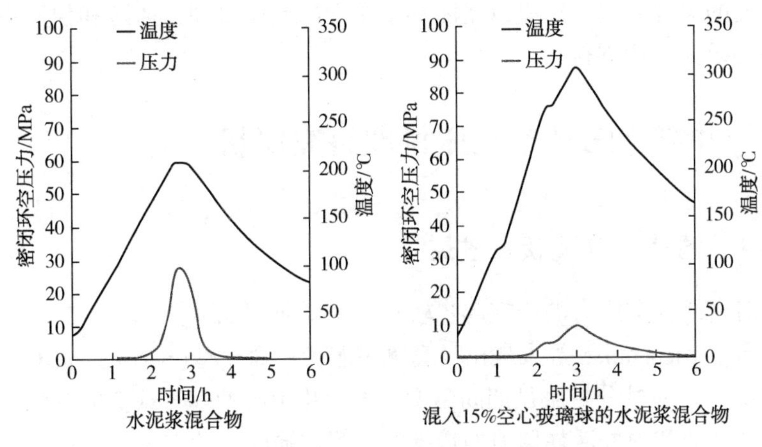

图 1-18 空心玻璃球对密闭环空压力的调控效果对比

1.4 本章小结

① 井筒环空是多层管柱之间的空间。复杂高温井筒具备了产生密闭环空压力的条件。持续环空压力与热膨胀密闭环空压力的表征相同，产生机理不同。密闭环空压力是热膨胀引发的，其产生需要热源和密闭含液空间两个基本要素。

② 井筒温度场的再分布是不可避免的，因此密闭环空压力会出现于多种工程背景下的井筒中，其中深水油气井的密闭环空压力现象最为普遍。同时，具有多级封隔器结构的油气井、高温高压气井、储气库注采井、页岩气水平井、地热井和蒸汽注采井中均出现了这一现象。

第2章　井筒密闭环空压力研究现状

鉴于环空压力的普遍性和危害性，国内外科研机构和大型油气企业均投入了大量人力和物力研究环空压力的起压机理、危害和管控，历经数十年，一直到今天，环空压力的精准分析及高效管控仍然是井筒完整性的重要研究内容。为进一步理清研究的关键问题，这里以密闭环空压力的起压机理、风险和控制措施为题对国内外的研究现状进行总结。

2.1　井筒密闭环空起压机理研究现状

2.1.1　国外研究现状及进展

国外对密闭环空压力的研究起步较早，主要研究如下：

1986年，Klementich等人提出了套管柱服役寿命模型(Service-model of casing design)的概念，通过分析服役期间温度压力变化引起的套管载荷的变化，指出基于套管悬挂载荷和内外液柱压力的传统的套管柱强度设计方法无法适应服役期间的外载变化，其中温度变化引起的液体膨胀压力是需要考虑的载荷之一。

1995年和2006年，P. Oudeman等人发表了基于现场测试的密闭环空压力研究成果。基于环空中液体的*pVT*性质，建立了用于计算密闭环空压力的模型，该模型密闭环空压力的数值主要取决于环空温度场的变化、环空液体膨胀压缩性质、环空体积和液体体积变化比例。对比井场实测数据的结果表明，当水泥返高低于套管鞋时，环空处于未封闭状态，环空液体与地层直接连通。此种情况下，并未观察到环空压力随着环空温度的上升而显著增加(监测点温度由13.3℃增加到43.3℃)。

2008年，Neli Sultan等人利用挪威大陆架上的一口高温高压井开展了环空压力实时监测研究，目的是克服理论计算导致的调控措施设计误差，并为该地区深水油气井管柱强度设计提供依据。监测采用无线传输的方式，在套管接箍处安装了夹持器用来测量环空温度和压力。研究表明，无线传输是一种可行的环空压力监测方式。热膨胀引起的环空压力会威胁套管的完整性，对于采用水下井口的深水油气井，需要将该因素纳入管柱强度设计中。理论计算模型需要进一步地发展完善以适用于更大范围的油气井环空压力预测。

2010年，美国德州农工大学 A. Rashid Hasan 教授等人把所建立的井筒传热模型应用到了深水油气井密闭环空压力的计算中。密闭空间内的环空液体不会增加或泄漏，且环空体积变化较小，因此计算过程中只考虑了温度引起的液体膨胀。通过与现场数据对比，认为半稳态计算方法的初期预测值偏高，但在较短时间以后可以较好地匹配实际数据，且具有计算简便的优点，因此可以用于密闭环空压力的预测。

2013年，Jonathan Bellarby 等人通过理论研究和现场实例发现，相邻封隔器与低渗透地层之间会形成含液密闭空间，随着生产的进行或者压裂等措施的实施，密闭空间中的液体会膨胀或收缩，从而在生产套管两侧形成压差，造成管柱损坏。

2016年，Yongfeng Kang 等人分析了潜油电泵对井筒温度剖面和环空压力的影响。指出，潜油电泵会增加安装位置以上的井筒温度，井筒温度的上升会进一步加剧环空压力的危害，进而增加管柱的载荷，破坏井筒完整性。2017年，Yongfeng Kang 等人又对安装真空隔热油管条件下的密闭环空压力进行了模拟研究。结果显示，如果忽略真空隔热油管接箍处的强化自然对流效应，会造成温度和压力预测值偏离实际情况，致使管柱面临损毁风险。提高隔热油管接箍处的隔热性能可以改善密闭环空压力的调控效果。与此同时，他们指出模拟结果需要实验和现场数据的进一步验证。

2016年，L. A. Calcada 等人分析了钻井液中重晶石等固相沉积对密闭环空压力调控效果的影响。水泥返高低于上层套管鞋可以沟通环空液体与地层，但是钻井液中固相沉积会阻挡住钻井液与地层的直接接触。通过分析固相沉积规律和案例井温度压力变化关系，发现钻井液固相在三年内沉积形成了超过200m的段塞，完全覆盖了钻井液泄漏通道。但压力监测结果显示，环空压力在达到地层破裂压力后发生了下降，说明地层被压裂，环空液体进入地层，因此固相沉积对泄压的影响仍需要更进一步的实验探究。

2017年，Marcus V. D. Ferreira 等人鉴于井筒温度场变化会引起密闭环空压力，对井筒中的传热行为进行了数值模拟研究。分析认为，生产时间对于井筒温度预测至关重要，因此所建立的模型综合运用了 Ramey、Hasan-Kabir 和 Cheng 等人建立的无因次温度与无因次时间的函数关系式。研究发现，地层所产生的热阻远大于井筒水泥环和套管等材料产生的径向热阻。研究者建议在计算井筒温度场的基础上，分析隔热油管、地层性质和环空液体性质等对密闭环空压力的影响，降低环空压力预测的不确定性。

2020年，Pai R. 等人认为准确预测密闭环空压力是建井设计的一个重要步骤。在尼日利亚高温深水油田（平均地热梯度为 4.37°C/100m）开展了环空温压数据监测，在完井管柱和选定油井的采油树中安装了井下温度和压力传感器。将测量结果与模型预测值进行比较，结果表明，通过适合的理论模型，是可以较为准确地预测油套环空的温压的。环空压力的预测结果主要受到温度计算精度和流体性质影响。

2022 年，Maiti 等人利用机器学习的方法来提高密闭环空压力的预测精度，从而改进给定井筒中的套管设计和密闭环空压力调控措施，认为环空钻井液的体积膨胀和井套管的周向膨胀是影响预测精度的两个关键因素。基于给定流体在温压条件范围内的 *pVT* 数据，使用机器学习算法精确建模流体密度与温压的关系。进行了敏感性分析，以证明使用基于机器学习的模型可以提高预测精度。

2.1.2 国内研究现状及进展

随着中国高温高压和深水油气资源的大规模开发，国内科研院所和高校也开展了密闭环空压力的研究，发展迅速，部分研究如下：

2002 年，高宝奎等人建立了基于密闭环空压力的套管附加载荷计算模型，模型中考虑了套管的温度效应、膨胀效应、管柱屈曲和流体热膨胀的影响。2006 年邓元洲等人提出了一种迭代计算密闭环空压力的方法，考虑了环空压力与套管尺寸之间的相互影响，以环空压力相对误差为判断指标进行迭代计算，从而提高环空压力的预测精度。

2010 年，车争安等人把油气井环空压力产生的原因分为施工作业、环空流体热膨胀和油气窜流三种，建立了基于 *pVT* 状态方程含硫高压气井的密闭环空压力计算模型。计算表明，当环空液体温度变化为 60℃时，环空压力可达 86.61MPa，超过了 P110 油层套管的抗外挤强度，因此部分产量过大的气井所诱发的密闭环空压力会威胁气井的正常生产，有必要开展环空压力的管理研究。

2011 年和 2016 年，西南石油大学张智等人建立了高含硫气田和多级封隔器密闭环空的热膨胀压力计算模型。研究表明，高含硫气田外侧环空压力变化最大，而油套环空温度变化最大。2020 年，张智等人针对气井测试的短期非稳态过程，建立了井筒非稳态传热模型。根据流体等压膨胀系数、等温压缩系数与密度的函数关系，建立考虑流体性质非线性变化的环空压力预测模型。

2012 年，中国海洋石油总公司胡伟杰等人把密闭环空压力计算方法分为只考虑温度效应的刚性模型和考虑环空体积变化的弹性模型，认为弹性模型更接近于实际情况，但是计算复杂，定性分析了环空体积变化、环空液体性质、油藏温度和水泥浆封固位置的影响。

2012 年，中国石油大学高德利院士团队开展了深水油气井密闭环空压力预测研究，所建立的模型考虑了水泥环-套管-地层系统受温度压力影响引起的环空体积变化，有助于解决预测值偏高的问题。2014 年，尹飞和高德利等人把环空液体膨胀压缩性随温度的变化纳入环空压力计算模型中，进一步提高了预测精度。2015 年，尹飞和高德利等人又针对页岩气井水泥环缺失所引发的密闭环空压力进行了研究，认为所产生的密闭环空压力是页岩气水平井发生套管损坏的主要原因之一。

2013 年起，杨进等人建立了深水油气井套管环空压力预测模型，采用了迭代的方法计算多层次环空压力。与西非海域的环空压力监测结果相比，预测值高于实测值 10%左右，因此根据预测值设计管柱强度是安全的。2015 年，张百灵和杨进等人对比分析了不同的密闭环空压力预测模型，评价了各个模型的适用性，认为迭代模型适用于深水油气井的密闭环空压力计算。

2015 年起，樊洪海和刘劲歌等人分析了具有多层次环空的深水油气井在投产以后的温度场变化，结果表明，温度变化是引起环空压力的首要原因，占比超过 80%。2017 年，刘金歌和樊洪海等人又建立了基于井筒瞬态传热的密闭环空压力计算模型，发现当生产时间超过 12h 以后，半稳态与瞬态模型的预测值基本重合，瞬态传热模型更加准确地反映了环空压力的早期变化特征。

2016 年，窦益华和薛帅等人根据多层次环空的结构特点，分析了不同温度条件下套管径向热膨胀与径向压缩和环空液体热膨胀与压缩导致的环空体积变化，依据 pVT 状态方程，建立了多环空情况下的压力体积耦合计算模型，发现随着温度的增加，外侧环空的压力增幅大于内侧。2017 年，王兆会等人通过对比现场数据指出，温度是导致储气库井油套环空带压的主要原因。忽略温度压力对套管柱尺寸的影响，只考虑温度压力对环空液体的影响，所得的计算结果与监测数据相比误差在 5%以下，且计算简单快捷，能够指导储气库油气井的设计和建造。

2020 年，王黎松等人建立了改进的环空增压计算模型，考虑了材料的非线性性质和套管变形的影响。模型中的非线性函数由插值方法获得，并进行了实验验证和误差分析。结果表明，与改进模型相比，简化模型的误差范围为 2.51%~26.11%。井筒温度变化较大时，忽略材料非线性后造成的环空增压预测误差非常显著，流体膨胀系数对环空增压的预测结果影响最大，若将流体膨胀系数取为常数则误差达到 70%。

2022 年，宋闯等人针对渤海“三高”(高温、高压、高酸气含量)气井，建立了“三高”气井井筒温度、压力耦合预测模型以及气液两相圈闭压力迭代模型，实现了“三高”气井高温、高压、产水和非烃气体等实际工况下的气液两相圈闭压力计算。研究结果表明：所建温度、压力耦合预测模型误差约为 5%；相较于已有模型，所建模型计算结果更接近现场实际情况，误差在 7.5%以下，高产工况下准确度更高。

2022 年，王雪瑞等人研究了水泥水化过程中的热膨胀诱发环空压力的机理和规律，建立了固井过程中水泥水化的瞬态温度预测模型。环空压力固井过程中表现出先快后慢的变化趋势。

2022 年，张更等人结合井筒瞬态传热模型与环空体积计算模型，建立了耦合环空体积-温度变化的深水油气井全生命周期环空圈闭压力预测模型。实例井计算结果表明，环空圈闭压力上升主要集中在油气井投产初期。

2.2 环空压力危害风险研究现状

2.2.1 国外研究现状及进展

虽然密闭环空压力与持续环空压力的产生机理不同，但两者在危害风险上具有一定的相通性。井筒强度是依据钻完井过程中的最大危险载荷设计的，环空压力改变了井筒的压力分布，因此其对油气井的危害主要体现在套管柱设计和井完整性方面。国外最先关注到环空压力的危害和风险，对多起现场事故进行了分析，部分研究如下：

1991 年，美国 Atikins 石油天然气公司对环空带压条件下的套管柱设计问题进行了研究，指出多管柱条件下需要对整个管柱系统进行分析校核。环空带压会产生较高的附加载荷，引起井口抬升等问题，有必要对管柱整个服役期内的应力状态进行分析。

1999 年，Bourgoyne 分析总结了墨西哥湾 4 口环空带压气井的案例，指出油套环空带压极具危害性。生产套管作为承受产层压力的屏障，其强度设计具有一定的余量，在油管发生断裂等事故时，能够保证安全地进行维修作业。一旦发生油套连通，就丧失了作业空间，同时会危及外层套管的安全。现场经验也显示，众多与持续环空压力相关的恶性事故是由油管泄漏引起的。

2004 年，D. W. Braddord、R. C. Rillis 和 S. W. Gosch 等人发表了关于墨西哥湾 Marlin 油田事故原因、井身设计和预防措施的系列文章。指出除水合物的快速分解、油管螺旋弯曲和井口移动外，测试初期快速上升的密闭环空压力应该是造成事故的主要原因之一。密闭环空压力致使生产套管变形，进而挤压油管，最终导致油井报废。

2006 年，P. D. Pattillo 等人分析了墨西哥湾 Pompano A-31 井发生的卡钻事故。指出，钻井液在循环过程中从井底携带热量上返，引起外侧套管环空内的液体发生热膨胀，产生密闭环空压力，16″套管受到挤压变形，致使钻柱被卡。实验和模拟结果显示，16″套管的变形不仅会导致卡钻，还会引起外层20″套管的截面由圆形变为椭圆形。

2007年，BP石油公司对Mad Dog Slot W1井油管及生产套管损毁事故的原因进行了分析。该井采取了射孔泄压措施，仍然发生了环空压力损毁管柱的事故。分析认为，生产套管和油管的损毁是由于外层13⅜″技术套管受压变形发生点接触导致的。该井中13⅝″和16″套管均实施了射孔作业并始终保持畅通，为环空压力提供了泄压通道。然而，由于钻井液中的固相沉积和下部水泥环的缺失，形成了封闭的含液空间，进而在13⅜″技术套管两侧产生了较大压差，发生了此次事故。

2010年，哈里伯顿公司的Farzad Tahmourpour等人分析了水泥环的长期密封完整性及环空带压的问题。现场统计发现，水泥环长期密封完整性失效的原因包括井筒内温度变化、压力变化、钻完井过程中的机械损伤和井筒内其他类型载荷的加载与卸载。这些原因都会破坏水泥环密封完整性，尤其是井筒内压的变化，引起持续环空压力。

2014年，Siva Rama Krishna Jandhyala等人使用有限元方法分析了水泥环系统在环空带压条件下的完整性，对套管和水泥这两类主要的建井材料的性能进行了优选。文章建立了多层次井眼简化结构模型，利用该模型确定了环空压力所产生的载荷的作用点和作用方向。发现弹性水泥能够更好地对套管进行保护，高强度套管的可靠度较高，能够避免水泥环的剪切破坏和套管的破裂。同时，合理规划油气井的产量也有助于降低环空压力所带来的风险。

2015年，David Lentsch等人分析了德国Molasse盆地地热井套管损坏的原因，认为水泥环缺失会导致井筒中形成残留有钻井液的密闭空间，密闭空间中所产生的热膨胀压力是套管损坏的主要原因之一。从避免形成含液密闭空间和如何泄压两个角度提出了相应的防治措施：首先，采用旋转导向技术提高井眼规则度，优化固井工作液体系，避免套管与井眼之间出现空腔。其次，采取措施降低井筒温度上升速度。最后，在条件允许的情况下，可令套管强度高于地层孔隙压力甚至破裂压力，这样密闭空间中的液体在热膨胀压力的作用下就会泄漏进地层，而不会挤毁套管。

2.2.2 国内研究现状及进展

随着国内对油气生产安全和生态环境保护的重视，环空压力的安全风险和危害也引起了极大的关注，国内部分研究如下：

2002年，高宝奎和高德利认为，开井流动期间高温油气引起井筒温度全面上升，密闭的套管环空流体受热膨胀，对套管内外表面施加附加压力，可达到套管的抗内压或外挤强度极限，井筒温度升高将大幅度增加套管轴向压力，甚至出现上顶井口现象。高压油气泄漏会使油层套管乃至整个井筒的安全性受到威胁，在对高温高压井进行井身结构设计时必须考虑测试期间存在的隐患，才能保证套管安全。

2008 年，彭建云等人针对克拉 2 气田环空带压的情况，认为风险应从静态和动态两个方面进行评估。静态评估通过对井身结构、固井质量、完井管柱结构、完井基本参数以及开井生产情况等进行分析和评估，以确定井身结构是否合理，完井管柱结构和井筒的完整性以及基本参数的选择是否正确。动态评估是为了确定环空压力异常井能否长期、安全、平稳地生产，必须连续准确地记录、监测有上升趋势井的环空压力变化情况，并对压力的异常变化采取合理措施。

2013 年和 2014 年，张智等人对环空带压条件下的井筒完整性进行了评价。认为，环空压力与环空静液柱压力叠加会压裂地层，发生井漏或者井喷，并且会造成外层套管破裂或者内层套管挤毁。尤其是井筒内存在含 H_2S 和 CO_2 等的酸性腐蚀性流体时，套管的强度会被削弱，进一步加剧环空压力所带来的风险。2016 年和 2017 年，张智等人进一步分析了环空压力对水泥环密封完整性和井口稳定性的影响，利用库仑摩尔准则对水泥环完整性进行评价。研究表明，密闭环空压力增加水泥环的切向应力，造成水泥环与套管之间形成微环隙，同时建立了水泥环安全系数图版。

2015 年，张福祥、杨向同和丁亮亮等人对环空带压条件下的尾管悬挂器和分段改造双封器坐封效果进行了校核，发现油气井温度的下降会造成尾管悬挂封隔器下部和封隔器间环空压力下降，如图 2-1 所示。环空压力会导致尾管悬挂封隔器、分段改造封隔器和油管柱失效，超深水平井管柱设计过程中必须充分考虑该因素，提出了封隔器间管柱打若干泄压孔的方式来降低风险，并提高安全系数以保证悬挂器的正常工作。

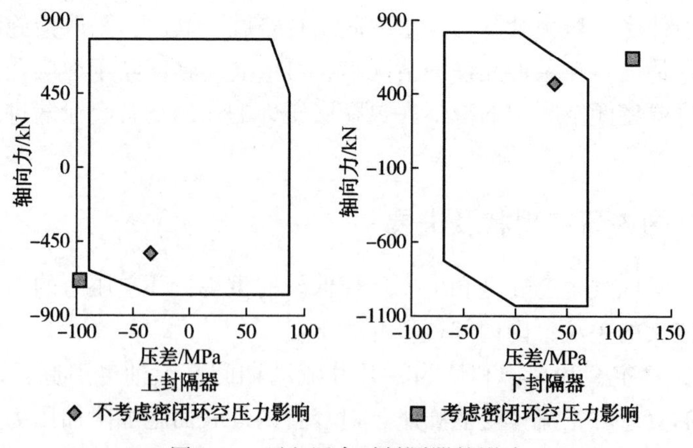

图 2-1　环空压力对封隔器的影响

2016年和2017年，刘奎等人通过研究得出，压力的周期性变化会对页岩气水平井的生产套管施加局部载荷，造成套管变形，破坏水泥环-套管-地层系统的完整性。基于以上认识，2016年，高德利等在总结深水钻井管柱力学与设计的研究现状和进展时，认为有必要开展深水油气井套管环空压力预测和危害研究，从而保护油气井完整性。

2017年，Dezhi Zeng等人建立了基于模糊综合评价法的气井持续环空压力风险评价模型。分析表明，环空压力的管理、监测和风险动态评估对于安全生产至关重要，同时高风险井要特别应对，并制定应急方案，防止转变为井喷等事故。

2017年，曾努等人分析了塔里木油田克深区块气井带压状况。认为高温超高压气井环空压力出现异常后，继续生产风险极大，若全部开展修井作业解除安全隐患，则又产生修井费用高、作业难度大的问题。应对环空压力异常井进行风险评估，明确气井开井、关井工况下存在的风险，根据评估结果采取针对性措施。对风险可控的气井实施监控生产，对存在巨大安全隐患的气井实施修井作业，从而实现气田的安全生产。

2020年，丁亮亮等人分析认为，由于温度下降导致封隔器间的液体收缩，酸压结束后封隔器间的环空压力会降低。按照常规方法设计的油管柱面临失效的风险。地层渗透率、注入速度和地层压力均对封隔器间的压力产生影响。

2020年，王宴滨等人指出环空带压的存在会改变水下井口疲劳热点处的应力状态，进而对水下井口疲劳损伤产生不利影响，制约了深水油气井长期安全高效运行。结果表明，环空带压的存在会加剧水下井口的疲劳损伤，压力越高，疲劳损伤越严重。

2021年，郑双进等人指出深水高温高压井油气开发过程中，容易出现井口抬升现象，可能导致井口装置密封失效，存在较大的安全隐患。基于自主研制的高温高压油气开发井口抬升模拟实验装置，建立了深水高温高压油气开发井筒温压场及井口抬升高度计算模型。结果表明：井筒温度升高及其引发的圈闭压力是造成井口抬升的两大主因。

2022年，乐宏等人综合考虑井屏障状况、环空带压情况和地层流体泄漏风险评价结果，对安岳特大型气田的气井进行完整性分级，制定了不同的维护和管理控制措施，实现环空带压井分级管控。安岳气田93%的生产井处于“绿、黄”等级，少部分井处于“橙色”等级，无“红色”等级井，气井总体安全可控。

2.3 环空压力管控技术研究现状

2.3.1 国外研究现状及进展

鉴于环空压力对油气井的严重危害，有必要采取相应的措施管控环空压力。由于密闭环空压力与持续环空压力起压机理的不同，两者的管控技术也存在显著差异。密闭环空压力的控制主要是从破坏其产生的两个条件以及避免管柱损毁入手，主要有改善井身结构消除密闭环空、增强油套管的强度、降低环空温度的增加幅度、释放受热膨胀的环空液体和改善环空液体的膨胀压缩性能。

国外部分研究如下：

1993 年，美国 Atikins 石油与天然气公司提出了使用可压缩泡沫包裹套管柱来降低密闭环空压力的方法，如图 2-2 所示，泡沫包裹在套管柱上，随着套管柱进入环空之中，受压以后体积发生收缩。结果表明该方法的成本只有提高套管的钢级壁厚的 1/3，是一种可行性高、成本较低的调控方法。

图 2-2 可压缩泡沫位置示意图

2003 年，Roger Williamson 和 Toni Loder 等人通过实验发现环空温度为 83℃时，压力可以达到 69MPa，超过了一些套管的强度。他们认为地层漏失环空液体这一方法存在着显著的不足，可压缩泡沫的效果明显，推荐用于深水油气井环空压力的管理。2003 年，Richard F. Vargo Jr. 研究表明固井漏失法（Cement shortfall）、氮气泡沫段塞和破裂盘作用效果明显，其中后两者不会影响正常的施工作业和钻完井成本。但是氮气泡沫段塞注入量超过 15%以后，调控效果变化不明显。

2007 年，Z. H. Azzola 等人对隔热油管控制密闭环空压力的效果进行了实验研究，并与理论公式进行了对比。结果证明，理论公式所得的热量散失与实验有较好的匹配度，隔热油管能够控制环空压力的上升速度。其中油管接箍类型及结构是影响控制效果的关键因素，合理的接箍类型及结构最多能够消减 61%的热量传递。基于这一发现，King West 油田采用了具有聚氨酯接箍的隔热油管。

2007 年，哈里伯顿公司的 A. M. Ezzat 等人发明了一种高黏度隔热封隔液，克服了真空隔热油管接箍热损失过大和强度低的缺点。该封隔液稳定性好，密度在 1.02~1.75g/cm^3，耐温可达 162.8℃，导热系数最低为 0.68W/(m·K)，能够同时削减热传导和热对流效应。实验证明，高黏度隔热封隔液能够与各类井筒工作液兼容，不会影响正常的油气井作业和完整性，能够有效控制油气井热传导引起的各类问题。

2008 年，B. Bloys 等人在雪佛龙公司的资助下研发了一种可以收缩体积的液体。这种液体的收缩是通过聚合物单体转化为聚合物实现的，在液体中添加了一定比例的甲醛丙烯酸甲酯(MMA)单体，当温度和化学催化剂满足单体聚合的条件时，MMA 单体可以转变为聚甲基丙烯酸甲酯(PMMA)，所带来的体积收缩率达 20%。室内实验表明，普通的水基钻井液中可加入 10%~50%的 MMA 单体，当钻井液循环过程中温度上升以后，MMA 单体可以在水泥环上部，也就是环空中延迟聚合，从而实现环空液体的体积收缩，解决了环空有限空间与热膨胀环空液体之间的体积矛盾。

2010 年，R. G. Ezell 发明了一种高效水基隔热封隔液，用于超深水油气井的流动保障和环空压力控制。这种隔离液能够迅速地驱替环空内原有液体，具有操作简单、成本低的特点，是真空隔热油管的理想替代品。现场应用表明，该隔热封隔液的平均成本只有隔热油管的 36%，可以有效地提高超深水油气井的流动安全性，控制热膨胀引起的密闭环空压力。

2012 年，M. V. D. Ferreira 等人针对巴西国家石油公司所属深水油气田井筒密闭环空压力危害突出的问题，采用数值模拟方法对隔热油管方案进行了分析。指出在油管柱中安装一定长度的隔热油管可以控制密闭环空压力，缓解套管柱的附加载荷。分析了隔热油管和套管在油气井生产工程中的应力状态，指出隔热油管的强度低于普通油管，在油管柱中安装一定长度的隔热油管可以控制密闭环空压力，缓解套管柱的附加载荷。

2014 年，塔尔萨大学的 R. Ettehadi Osgouei 等人建立了环空实验台，研究了环空液体流变性和热物理性质对密闭环空压力的影响，并进行了理论分析。建议降低钻井液中的固液密度差、采用导热系数较低的钻井液组分、控制固相颗粒尺寸，并提高钻井液的屈服值，从而延缓钻井液固相成分的沉降速度，降低钻井液对流传热和导热的速率，达到控制密闭环空压力的目的。

2015 年，H. L. Santos 等人把密闭环空压力调控措施按照不同的机理分为了四类，包括泄压、提高油气井结构强度、提高环空液体压缩性和隔热技术。结合现场实践，归类介绍了现有的 16 项调控措施的设计方法和调控效果。同时指出，不同措施的可靠性、作用范围和效果存在差异，需要根据油气井的结构特征和具体情况进行选择和设计，从而达到调控目标。

2016 年，哈里伯顿公司的 Zhengchun Liu 等人模拟了破裂盘和可压缩泡沫对密闭环空压力的调控过程。认为破裂盘沟通内外环空以后，两个环空应视为一体，压力变化也同步进行。可压缩泡沫在环空压力产生以后会经历弹性收缩、平稳变化和密实收缩三个阶段，最终通过体积收缩来降低环空压力。模拟结果和现场实践证明，破裂盘和可压缩泡沫是较为理想的深水油气井环空压力控制措施。

2016 年，Jeanna Brown 等人为解决加拿大蒸汽注采井套管损毁的问题，开展了密闭环空压力的调控实验研究。实验采用了混入空心玻璃球的水泥浆来降低密闭环空压力，空心玻璃球破裂后可以释放出空间容纳热膨胀液体。

2016 年，Ricko Rizkiaputra 等人以印度尼西亚海域的深水油气井为例，介绍了牺牲套管和控制水泥返高等措施的作用原理和应用情况。牺牲套管的钢级和壁厚低于管柱中的其他套管，因此在环空高压的作用下会提前破裂，沟通环空液体与地层，避免套管柱受到整体破坏。印尼海域某深水油气井要求水泥封固段高于产层 120m 以上，因此无法形成从环空进入地层的泄压通道。并且地层存在高漏失地层，原计划的全井段封固无法实现。他们对比了高水泥返高和低水泥返高两种情况下的环空压力和管柱应力，发现尽管低水泥返高情况下的环空压力和套管应力较低，但是与高水泥返高并无明显区别。考虑到增加水泥返高有利于提高封固效果，该井采用了高水泥返高固井。同时研究者指出，水泥返高应根据单井结构具体情况进行具体分析。

2017 年，Udaya B. Sathuvalli 等人把密闭环空压力调控措施按照作用时机和机理分为了两大类：第一类措施通过控制油气井径向的热传递来实现调控；第二类措施通过调整密闭环空内的液体来降低环空压力。目前大多数措施属于第二类，包括提高环空流体压缩性、放置环空泄压装置和提供环空液体进入地层的通道。众多措施中，隔热油管、地层漏失法、压缩泡沫和注气四项措施已有工业应用。提出了三条调控原则：①环空压力调控必须保证内外侧套管均处于安全状态；②环空压力允许值与环空管串的安全系数值相关；③环空压力预测值超过允许值时，应该采取相应的措施。

2017 年，Richard A. Miller 等人介绍了墨西哥湾 Thunder Horse 油田的密闭环空压力防治措施。Thunder Horse 油田井底温度在 93~126.67℃。该油田的注水泥分为由下而上和由上而下两个阶段。第一阶段水泥浆由井底上返到套管鞋以下，选择套管鞋下方的薄弱地层作为钻井液漏失区。第二阶段从井口向下注水泥浆，环空残留液体在水泥浆的挤压下压裂地层，当两个阶段所注水泥浆合龙以后就实现了全井段固井，解决了密度窗口过窄无法全井段固井的难题。

2022 年，Veiga 等人针对巴西盐下深水油气井的环空带压问题，提出了一种计算环空注入气体的综合多物理场模型。该模型结合了影响密闭环空压力的三个关键因素：生产管柱内的高温流体流动、径向传热和井筒力学性质。与 4700m 深的由三个同心环空组成的海上油井的实际温度和压力场数据进行了比较。数值预测和现场测量结果之间具有良好的一致性，发现最里面的环空部分填充氮气，可减小因热膨胀而形成的压力。

2.3.2 国内研究现状及进展

国内科研院所和高校也开展了密闭环空压力的控制研究，并在南海深水油气田等区域进行了应用，取得了良好的效果。部分研究成果如下：

2007 年，王树平等人介绍了几种常用的密闭环空压力控制措施，包括水泥返高低于套管鞋、全井段固井、预留泄压通道和提高套管强度等。建立了密闭环空压力调控模型，分析了可压缩泡沫球和高压缩性流体的调控机理和效果，其中高压缩性流体主要是包含有氮气的各种钻井液或完井液。

2011 年，李勇等人分析了储气库井油套环空中的密闭环空压力的调控可行性，采用了环空注氮气的方式来控制密闭环空压力。在环空中注入氮气后，环空压力得到有效控制。环空压力随着氮气气柱长度的增加而降低，但长度超过 100m 以后，环空压力变化趋缓，合理的气柱长度应该在 100~200m。

2013 年，黎丽丽等人基于 API RP90 标准和油套环空的承压能力，并结合塔里木气田的管理经验，制定了气井环空最大和最小值确定方法，考虑了套管头和封隔器的密封性。其中环空压力最大值以环空中最薄弱段承压能力为上限，最小值考虑了关井情况下的油套压差。指出，套管强度设计和环空保护液参数选择应该以环空压力最大值和最小值作为参考，从而避免事故的发生。

2014 年，黄小龙等人分析了油藏与海底温度、环空液体性质、油气井产量、井身结构、套管性能和水泥返高等因素对环空压力的影响。基于深水油气井的特点和相关风险的考虑，认为破裂盘和可压缩泡沫适用于深水油气井环空压力调控，并以南海和尼日利亚 OML130 区块的油气井为例，介绍了破裂盘在 339.73mm 套管柱和可压缩泡沫在 244.48mm 生产套管柱上的应用情况。现场实践表明，套管在采取以上措施后未发生套管破裂和挤毁事故，保持了安全稳产。

2015 年，艾爽和程林松等人鉴于环空压力随着产气量的增加而增加，对比不同产气量条件下的环空压力和油套管强度来确定最大产气量，从而保证环空压力低于安全值。案例计算显示，某高温高压气井日产气量低于 $110\times10^4m^3$ 时，可保证套管不被环空压力挤毁。

2016 年，阚长宾和杨进等人开展了隔热油管控制密闭环空压力的研究，结果表明，隔热油管能够有效降低环空温度，降幅最高超过 71.24%，这一发现表明隔热油管对于测试生产过程中产生的密闭环空压力具有良好的控制效果。2018 年，胡志强和杨进等人评估了密闭环空压力对高温高压气井双封隔管柱的影响，分析了封隔器间距对环空压力值的影响。建议等待环空流体恢复到正常温度再坐封封隔器，从而降低密闭环空压力所带来的不利影响。

2016 年和 2017 年，赵维青和同武军等人根据西非赤道几内亚和中国南海深水油气田的生产管理经验，总结了深水油气井环空压力监测和治理方法。对比了定量生产法、关井监测法、泄压恢复生产法、变产量法、定产环空增压法和管柱泄漏监测法的原理，介绍了包括隔热管材、破裂盘和隔热液层在内的 10 种调控措施的优缺点，提出应进一步发展和完善环空热管理技术，以获得性能更加优良的环空隔热保温材料。

2017 年，丁亮亮和杨向同等人综合考虑了油套环空安全屏障的完整性和承压能力，建立了油套环空最大允许压力和最小预留压力的计算方法，绘制了气井环空压力标准管理图版。该图版把环空压力按照不同风险等级和需要采取的应对措施分为三个区域，并在塔里木油田进行了推广应用，取得了较好的效果。

2017 年，陈平和董广建把密闭环空压力的研究评价方法分为了现场测量法、室内试验模拟法、理论模型研究和智能监测方法四类，分析了 12 类密闭环空压力调控措施的作用原理、优点和缺点，并根据已有文献总结了各类措施的室内试验和现场测试进展；建立了密闭环空压力综合控制措施设计流程图，为密闭环空压力的监测和控制提供了技术路线及研究途径。

2021 年，李军等人撰文指出，虽然国内外提出了众多针对环空圈闭压力升高问题的管理方案及防治措施，包括消除环空、释放压力、增加环空可压缩性、减少热量传递等办法，但均存在一定的局限性。尚需探索深水环空圈闭压力预防、释放、缓解的新理论、新工艺、新方法，建立系统完整的环空圈闭压力管理方案。

2.4 本章小结

① 环空压力的产生、风险和控制环环相扣，需要以预测为基础，以评价为准则，以控制为重点，从而保障复杂高温井筒的安全钻进及服役。准确的预测是

分析密闭环空压力危害的基础，而在评估危害的严重性后，才能确定采取相应调控措施的必要性，并选取高效可靠的控制措施。因此，需要建立一套完整的环空压力预测-风险评价-控制体系。

② 环空压力的预测方法需要根据不同的机理和工程背景发展完善。密闭环空压力的准确预测至关重要，准确的预测是分析密闭环空压力对油气井危害的前提，进而才能确定采取相应调控措施的必要性。目前环空起压原因已经较为明确，但需要建立定量计算预测的机理模型。密闭环空压力的计算分析与环空液体和环空之间的体积相对变化有关，主要的影响因素包括环空液体温度的变化值、环空液体的膨胀压缩性、流体导热性能、环空体积变化和环空液体漏失量等。

③ 现有的研究均已认识到环空压力过高会损害井筒完整性，但这种认识具有一定的主观性，并未结合深水油气井结构特点对带压条件下井筒完整性进行评价。风险评估需要以井筒屏障完整性为基准，环空压力的调控则需要按照环空压力的类型，分类考虑各种措施的适用范围、成本、施工难度，对具体措施的参数进行优化，使环空压力保持在井筒承压能力范围内。

第3章　密闭环空热膨胀起压机理模型

环空内流体升温膨胀所引起的密闭环空压力常见于油气钻采过程中，严重危害油气井的安全稳产。因此，准确预测密闭环空压力对实现油气井长期稳产具有重要的意义。本章分析了油气井密闭环空压力的产生机理，基于对井筒内传热过程和井身结构特点的分析，建立了基于相容性原则的体积平衡矩阵和井筒–地层耦合传热的环空温度计算模型，分析了密闭环空压力随不同影响因素的变化规律，评价了相关因素的敏感性，为密闭环空压力防治提供理论依据。

3.1　密闭环空压力产生机理

3.1.1　基于 *pVT* 关系的密闭环空压力产生机理

在未投入生产或测试前，井筒温度保持在较为稳定的水平，此时井筒内的液体与环形空间的体积相等。然而，在投入生产之后，油藏流体的温度远高于井筒周边地层的温度，随着生产的进行，井筒温度逐渐上升。根据热胀冷缩效应，环空内的液体会发生体积膨胀，超过有限环形空间的容纳能力，最终产生密闭环空压力。因此环空压力必然上升，从而对液体产生压缩效应，保证有限的环空体积可以容纳热膨胀液体。根据 *pVT* 方程，密闭环空压力是环空的温度、体积以及环空流体质量的函数，可以表示为：

$$p_{a}=p_{a}(T_{a}, V_{a}, m) \tag{3-1}$$

式中，p_a为环空压力，MPa；T_a为环空温度，℃；V_a为环空体积，m^3；m为环空流体质量，kg。

求取环空压力p_a在点(T_a, V_a, m)的全增量微分，可得：

$$dp_{a}=\left(\frac{\partial p_{a}}{\partial T_{a}}\right)\Delta T_{a}+\left(\frac{\partial p_{a}}{\partial V_{a}}\right)\Delta V_{a}+\left(\frac{\partial p_{a}}{\partial m}\right)\Delta m \tag{3-2}$$

式中，ΔT_a为环空温度变化值，℃；ΔV_a为环空体积变化值，m^3；Δm为环空流体质量变化值，kg。

环空液体的等压膨胀系数指的是压力恒定条件下，液体体积随温度的变化率，根据定义可以表示为：

$$\alpha=\frac{\Delta V_f}{V_f\Delta T_a} \tag{3-3}$$

式中，α 为液体等压膨胀系数，℃$^{-1}$；V_f为环空流体体积，m^3；ΔV_f为进入或流体环空的流体体积变化值，m^3。

环空液体的等温压缩系数指的是温度恒定条件下，液体体积随压力的变化率。由于液体受到压缩时，体积减小，而等温压缩系数为正值，因此需要加负号，可以表示为：

$$k_T=-\frac{\Delta V_f}{V_f\Delta p_a} \tag{3-4}$$

式中，k_T为液体等温压缩系数，MPa^{-1}；Δp_a为环空压力变化，MPa。

初始状态下，密闭环空中的环空体积与环空液体体积相等，可得：

$$V_f=V_a \tag{3-5}$$

在环空体积不变的情况下，温度的上升会引起液体体积的增加，在体积恒定的情况下会导致压力上升。因此单位温度的上升会引起压力的上升，式(3-2)右侧第一项为一个正值，而液体体积随压力的变化为负值，因此在推导过程中加负号。

$$\left(\frac{\partial p_a}{\partial T_a}\right)\Delta T_a=-\frac{\Delta V_f}{V_f\Delta T_a}\times-\frac{V_f\Delta p_a}{\Delta V_f}\times\Delta T_a=\frac{\alpha}{k_T}\Delta T_a \tag{3-6}$$

同理，式(3-2)右侧第二项可用式(3-7)代替。根据环空压力的产生过程可知，环空体积的增加有助于容纳热膨胀流体，因此变形以后的第二项为负值。推导过程如下：

$$\left(\frac{\partial p_a}{\partial V_a}\right)\Delta V_a=-\left(-\frac{V_f\Delta p_a}{\Delta V_f}\right)\frac{1}{V_f}\Delta V_a=-\frac{\Delta V_a}{k_T\cdot V_a} \tag{3-7}$$

环空液体质量的增加会引起密闭环空压力上升，因此式(3-2)右侧第三项同样为正值，推导过程如下：

$$\left(\frac{\partial p_a}{\partial m}\right)\Delta m=\left(\frac{\rho_f\partial p_a}{\partial m}\right)\frac{\Delta m}{\rho_f}=-\left(\frac{\partial p_a}{\partial V_f}\right)\partial V_f=\frac{\Delta V_f}{k_T\cdot V_f} \tag{3-8}$$

在不释放和进入气体和液体的前提下，环空体积和环空液体体积始终保持相等，可得：

$$\alpha V_f\Delta T_a-k_T V_f\Delta p_a=\Delta V_f=\Delta V_a \mid \Delta V_{fo}=0 \tag{3-9}$$

式中，ΔV_{fo}为流入或流出环空的流体体积，m^3。

3.1.2 基于体积相容性的密闭环空压力产生机理

上述推导是基于环空液体的 pVT 状态方程来进行的。除了 pVT 状态方程外，体积相容性原则也可以用于计算推导，并且过程相对更加简单。体积相容性原则的内涵与地质学中的“水热增压”作用类似，即油气井筒温度升高后，在热胀冷缩的作用下环空及残留在环空内的液体会同时发生体积变化，然而液体与套管分别是流体和固体，两者之间的热物性差异巨大，因此所发生的体积变化量也存在巨大的差异。这就导致了有限的环空体积难以容纳受热膨胀以后的液体。根据体积相容性理论，在未发生漏失的前提下，环空液体体积与环空体积始终保持相等，因此环空压力就会上升，从而对液体产生压缩效应，保持环空体积与环空液体体积的一致性。鉴于环空与环空液体处于完全相同的温度压力场，环空液体体积与密闭环空体积始终保持相等，即两者的体积变化量相同，可以表述为：

$$\Delta V_{f}=\Delta V_{a} \tag{3-10}$$

当井筒内的温度压力发生改变时，环空液体的体积变化可分为三部分，分别是环空液体升温引起的膨胀体积、环空压力作用下的压缩体积和外部液体的进入。根据等压膨胀系数的定义，升温引起的环空液体体积增加量可以表示为：

$$\Delta V_{ft}=\alpha V_{f}\Delta T_{a} \tag{3-11}$$

式中，ΔV_{ft}为温度导致的环空流体体积变化，m^3。

同理，根据等温压缩系数的定义，环空压力压缩环空液体引起的体积降低量可以表示为：

$$\Delta V_{fp}=k_{T}V_{f}\Delta p_{a} \tag{3-12}$$

式中，ΔV_{fp}为压力导致的环空流体体积变化，m^3。

当环空没有处于密闭状态时，环空内的液体或地层中的流体在温度压力的作用下会流出或流入环空，这部分体积用ΔV_{fo}表示。把环空液体体积变化的三部分代入式(3-10)，可得：

$$\alpha V_{f}\Delta T_{a}-k_{T}V_{f}\Delta p_{a}+\Delta V_{fo}=\Delta V_{a} \tag{3-13}$$

式中，ΔV_{fo}为流出或流入环空的流体体积，m^3。

3.1.3 多层次环空的密闭环空压力计算方法

体积相容性原则和基于pVT性质的偏微分方程的计算公式，两者的最终表现形式基本一致，可以表示为：

$$\Delta p_{a}=\frac{\alpha}{k_{T}}\Delta T_{a}-\frac{\Delta V_{a}}{k_{T}\cdot V_{a}}+\frac{\Delta V_{fo}}{k_{T}\cdot V_{f}} \tag{3-14}$$

对于密闭环空，可以忽略环空液体与外界的直接交换，式(3-14)可以简化为：

$$\Delta p_{a}=\frac{\alpha}{k_{T}}\Delta T_{a}-\frac{\Delta V_{a}}{k_{T}\cdot V_{a}} \tag{3-15}$$

当环空中完全充满液体时，环空液体体积 V_f 与环空体积 V_a 是相等的，因此移项后可得密闭环空体积与环空液体体积之间的体积平衡表达式：

$$\alpha V_f \Delta T_a - k_T V_f \Delta p_a = \Delta V_a \tag{3-16}$$

井身结构也会对密闭环空压力的计算产生影响。以深水油气井为例，深水油气井的生产系统不同于浅海平台，一般采用水下生产系统，从而减少深水区风浪对油气生产的不利影响。在高含水率和高产量的条件下，完成包括气液分离、油水分离、产出水回注等一系列工作，减少了产出液举升、处理和回收的工作量。但是，水下生产系统会密封套管之间的环空。所以深水油气井无法像地面和平台油气井一样，实现环空压力的释放。图3-1所示的是墨西哥湾、西非海域、巴西和加拿大等区域深水油气井的井身结构，可见深水油气井套管结构复杂、层次较多，一般在5层以上，在极端复杂情况下能够达到4~9层，容易形成多层次环空结构。深水油气井的间距大，可用地层信息少，地层压力剖面信息具有一定的不

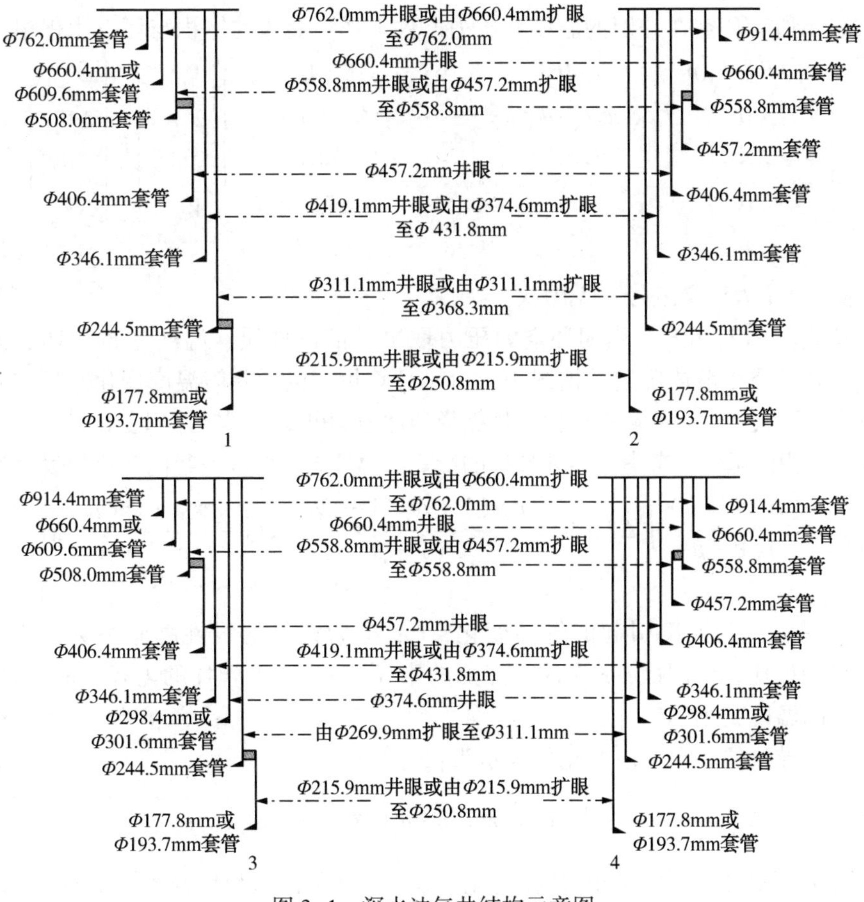

图3-1 深水油气井结构示意图

确定性，因此其结构不同于普通油气井，需要下入多层次的套管来预防地层信息的不确定性和浅层水气引起的事故。而且，深水油气井投资大，要求能够实现较高的产量来快速收回成本，这就要求套管保持一定尺寸，因此会采用尾管等各种技术维持最后的套管尺寸。并且，深水油气井套管下入层次和深度普遍采用自上而下的设计方法，为多层次套管预留设计空间。

投产之后，液体与套管之间的热物性差异导致环空的有限体积难以容纳受热膨胀的液体，进而多个环空同时产生密闭环空压力。多个环空的温度和压力同时发生变化，会对环空体积的变化产生影响，进而密闭环空压力也会受到影响。因此，多个环空同时存在的情况下，密闭环空压力的计算过程中需要考虑环空之间的相互干扰。而根据体积相容性原则，相同温度、压力作用下的环空液体体积与密闭环空体积始终保持相等。这就意味着，每个环空都需要遵守这一原则，据此可建立多环空条件下求解密闭环空压力的体积平衡矩阵，如式(3-17)所示。该公式表示所有环空在一定的温度和压力条件下环空液体的体积与环空体积相等。

$$\begin{bmatrix} \alpha_1 \Delta T_{a1} - k_{T1} p_{a1} & 0 & \cdots\cdots & 0 \\ 0 & \alpha_2 \Delta T_{a2} - k_{T2} p_{a2} & \cdots\cdots & 0 \\ \cdots\cdots & \cdots\cdots & \cdots\cdots & \cdots\cdots \\ 0 & 0 & \cdots\cdots & \alpha_i \Delta T_{ai} - k_{Ti} p_{ai} \end{bmatrix} \begin{bmatrix} V_{f1} \\ V_{f2} \\ \cdots\cdots \\ V_{fi} \end{bmatrix} = \begin{bmatrix} \Delta V_{a1} \\ \Delta V_{a2} \\ \cdots\cdots \\ \Delta V_{ai} \end{bmatrix} \tag{3-17}$$

式中，i 为环空编号，无因次。

从式(3-17)可知，密闭环空的压力取决于液体性质、温度分布和环空体积变化。在环空中液体确定的情况下，分别计算投产以后井筒温度变化及环空体积的改变就可获得对应的环空压力。根据弹塑性力学可知，环空体积变化是一个关于温度、压力的函数。考虑到相邻环空的影响，温度导致的环空径向变化可表示为：

$$\Delta r_t = \frac{\alpha_s (1+\mu)}{r(1-\mu)} \int_a^r \Delta T_d r \mathrm{d}r + \frac{\alpha_s r (1+\mu)(1-2\mu)}{2(1-\mu)} \Delta T_d + \frac{\alpha_s a^2 (1+\mu)}{2r(1-\mu)} \Delta T_d \tag{3-18}$$

式中，Δr_t为温度引起的管径变化，m；α_s为钢材的线性膨胀系数，℃$^{-1}$；μ为套管泊松比，无因次；r 为计算点处的半径，m；a 为管柱的内径，m；ΔT_d为计算点的温度变化，℃。

压力导致的环空径向变化可表示为：

$$\Delta r_p = \frac{1}{E(b^2-a^2)} \left[(1-\mu) r (a^2 p_i - b^2 p_o) - \frac{a^2 b^2}{r} (1+\mu)(p_o - p_i) \right] \tag{3-19}$$

式中，Δr_p为压力引起的管径变化，m；E 为套管的弹性模量，MPa；b 为管柱的外径，m；p_i为管柱内压，MPa；p_o为管柱外压，MPa。

整个环空的体积变化为：

$$\Delta V_a=\pi\int_{z_i}^{z_o}(r_o+\Delta r_{to}+\Delta r_{po})^2-(r_i+\Delta r_{ti}+\Delta r_{pi})^2\mathrm{d}z-V_a \tag{3-20}$$

式中，z_i为环空底部距离井底位置，m；z_o为环空顶部距离井底位置，m；r_o为环空的外径，m；r_i为环空的内径，m；Δr_{ti}为温度引起的内径变化，m；Δr_{pi}为压力引起的内径变化，m；Δr_{to}为温度引起的外径变化，m；Δr_{po}为压力引起的外径变化，m。

上述公式中，管柱的内压和外压分别是套管两侧的密闭环空压力。在已知环空液体性质和环空温度变化的情况下，把式(3-20)代入所建立的体积平衡矩阵后，即可得到一个关于环空压力的非线性矩阵。为降低求解难度，可采用误差试算法求解上述平衡矩阵，如图3-2所示：①首先假设各个环空为刚性空间，即$\Delta V_a=0$；②按照式(3-17)计算各环空压力；③把第②步所得压力值代入式(3-18)和式(3-19)计算环空体积变化；④根据式(3-17)重新计算各个环空压力值；⑤若重新计算的环空压力与代入的环空压力符合误差要求，则计算结束；否则把第④步的压力计算值返回第③步，重新执行第③到第⑤步。

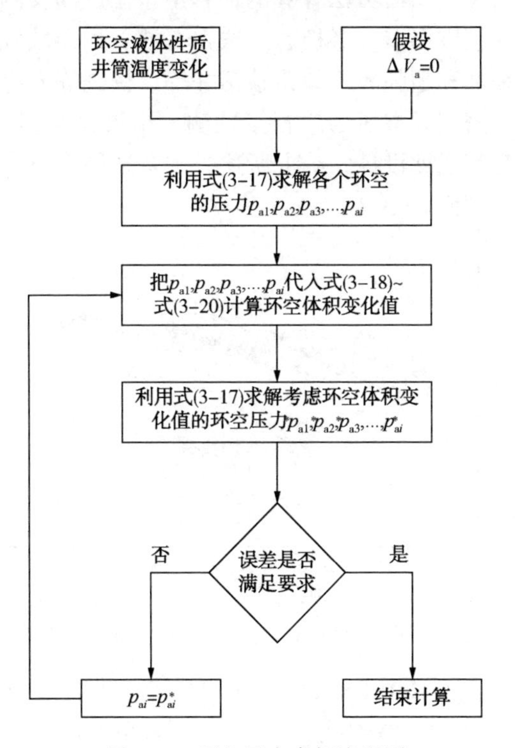

图3-2 环空压力求解流程图

3.2 生产过程中环空液体温度变化

3.2.1 油管内流体沿井身的温度分布

井筒投产以后的温度场分布是求解密闭环空压力的必要条件。油管内的产出流体是井筒温度再分布的热量来源。因此，要想求取整个井筒的温度场分布，首先要获得井筒内的产出流体沿井身方向的分布。

井筒温度计算方法可分为半稳态与全瞬态两类。其中半稳态模型最先由 H. J. Ramey 提出，并由 P. H. Holst 证明了其合理性。半稳态计算方法的核心是把井筒温度计算分为两个部分：第一部分是油管中的流体到井筒最外侧水泥环之间的传热过程；第二部分是从水泥环外边缘到地层之间的热交换过程。因为井筒内的传热效率远大于地层中的热扩散速度，所以半稳态计算方法把第一部分传热看作稳态过程，从而解决了井筒传热过程复杂且计算难度高的问题。图 3-3 是 A. R. Hasan 根据半稳态、瞬态方法计算的油管出口温度与实测数据的对比，可见半稳态方法并未出现较大误差。半稳态方法在石油工程领域有着广泛的应用，例如油井防蜡、气驱采油和超临界二氧化碳钻井等。杨进等人应用半稳态方法对西非海域的深水油气井密闭环空压力进行了预测，结果显示误差小于 8%，可以用于指导工程施工和套管强度设计。综上所述，本章选择半稳态方法来计算油气井投产以后的井筒温度剖面。

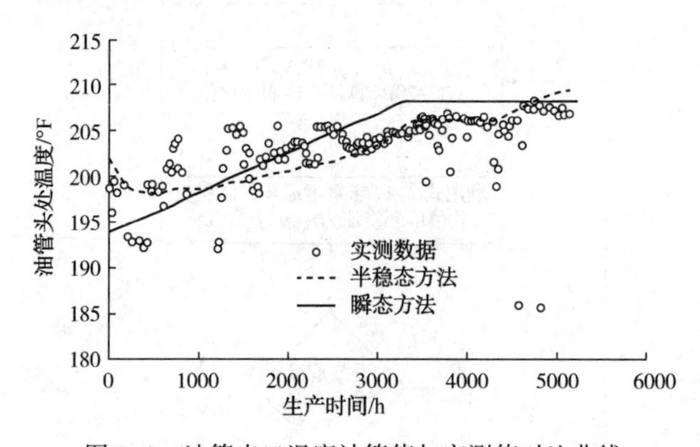

图 3-3　油管出口温度计算值与实测值对比曲线

如图 3-4 所示，在油管中取长度为 dz 的分段。进入该分段的流体在径向上发生热量散失，因此在纵向上温度会下降，对流经分段的流体温度变化取一级泰勒展开，温度变化可以表示为 $\mathrm{d}T_{\mathrm{f}}$。根据能量守恒定律，单位时间内进出该分段的热能、动能、压能和内能可以表示为：

$$-W_f C_f \mathrm{d}T_f+(\Phi_{ki}-\Phi_{ko})+(p_{zi}-p_{zo})\frac{W_f}{\rho_f}+W_f g\mathrm{d}z\cos\theta-\Phi_r=0 \tag{3-21}$$

式中，W_f为油管内流体的质量流量，kg/s；C_f为流体比热容，J/(kg·℃)；T_f为油管中流体的温度，℃；Φ_{ki}为进入微元体的动能，J/s；Φ_{ko}为流出微元体的动能，J/s；p_{zi}为进入微元体的流体压力，Pa；p_{zo}为流出微元体的流体压力，Pa；ρ_f为流体密度，kg/m^3；dz 为油管微元的长度，m；θ 为井斜角，(°)；g 为重力加速度，m/s^2；Φ_r为径向热流量，J/s。

油管流体在沿油管上升的过程中，重力势能上升，同时产生摩擦阻力，因此式(2-20)中的压降可分为重力压力降和摩阻压力降，如式(3-22)所示：

$$p_{zi}-p_{zo}=-\rho_f g\cos\theta\mathrm{d}z+\frac{2f\rho_f v_f^2}{d_{to}}\mathrm{d}z \tag{3-22}$$

式中，f为水力摩阻系数，无因次；v_f为油管内流体流速，m/s；d_{to}为油管内径，m。

式(3-22)中的f为无因次水力摩阻系数，计算式如下：

$$f^{-0.5}=-2\log\left[\frac{R_a/d_{to}}{3.7065}-\frac{5.0452}{Re}\lg\left(\frac{(R_a/d_{to})^{1.1098}}{2.8257}+\frac{5.8506}{Re^{0.8981}}\right)\right] \tag{3-23}$$

式中，R_a为油管内壁的粗糙度，m；Re 为雷诺数。

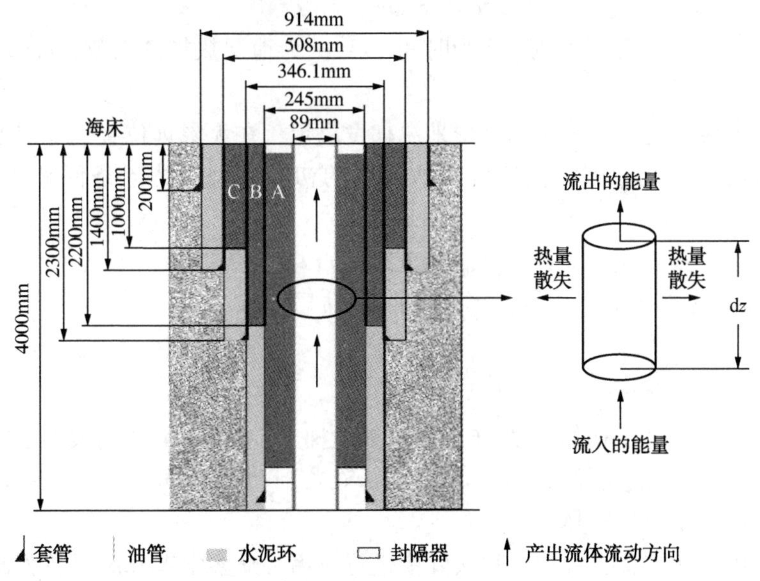

图3-4 油管内流体温度能量变化示意图

井筒内与井筒和地层之间的传热过程符合径向热流守恒原理，也就是说井筒径向传热分为从油管中心到水泥环边缘的一维稳态传热和从水泥环边缘到地层的一维非稳态传热两个过程，两个过程的热量传递守恒，如式(3-24)所示：

$$\Phi_{r}=\Phi_{rw}=\Phi_{rf} \tag{3-24}$$

式中，Φ_{rw}为油管中心到水泥环边缘的径向热流量，J/s；Φ_{rf}为水泥环边缘到地层的径向热流量，J/s。

半稳态方法中井筒内部是稳态传热，单位时间内的热量交换如式(3-25)所示：

$$\Phi_{rw}=\frac{T_{f}-T_{h}}{R_{to}}dz \tag{3-25}$$

式中，T_h为计算点处的井筒水泥环外边缘温度,℃；R_{to}为径向传热总热阻，m·/W。

3.2.2 井筒与地层之间的热量传递

半稳态方法中，井筒内的温度变化是由地层内的瞬态传热过程导致的，因此正确求解地层内温度的瞬态表达方法至关重要。在油气井投产之前，地层温度未被扰动，地层温度与地温梯度相同。考虑到地层一般由致密的固态岩石组成，因此地层中的热传递主要以热传导的方式进行。导热微分方程如式(3-26)所示：

$$\frac{\partial T_{e}}{\partial t}=\alpha_{e}\left(\frac{\partial T_{e}^{2}}{\partial r^{2}}+\frac{1}{r}\ \frac{\partial T_{e}}{\partial r}\right) \tag{3-26}$$

式中，T_e为地层温度,℃；t 为时间，s；α_e为地层热扩散系数，m^2/s；r 为半径，m。

未投入生产之前，地层温度由地温梯度决定，在无限远位置，地层温度仍等于初始温度。因此，求解上述方程所需要的初始条件和边界条件如式(3-27)所示：

$$\begin{cases}T_{e|t=0}=T_{ei}=g_{e}h+T_{0}\\ T_{e|r=\infty}=T_{ei}=g_{e}h+T_{0}\\ -2\pi\lambda_{e}r\dfrac{\partial T_{e}}{\partial r}\Big|_{r=r_{w}}=Q_{rf}\end{cases} \tag{3-27}$$

式中，T_{ei}为地层初始温度,℃；g_e为地温梯度,℃/m；T_0为地表温度或海底泥线温度,℃；λ_e为地层导热系数，W/(m·℃)；r_w为井筒外边缘半径，m；Q_{rf}为井筒外边缘的单位长度热流量，J。

为求解上述方程，并在工程实际中进行应用，众多学者开展了相关研究，较为关键的是如何表达井筒外边缘的单位长度热流量。利用 Laplace 方法可以得到其解析解，但是其形式过于复杂，不利于用其开展工程应用。因此在解析法的基础上，通过拟合得到了半解析表达式，如式(3-28)所示：

$$Q_{rf}=\frac{2\pi\lambda_e}{T_D}(T_h-T_{ei}) \tag{3-28}$$

式中，T_D为无因次地层温度，无因次。

式(3-28)中的无因次地层温度 T_D的计算方法较多，主要包括 Ramey 公式、Butler 公式、Chiu 公式和 Hasan 公式等：

（1）Ramey 公式

$$T_D=-0.2886+\ln(2\sqrt{t_D}) \tag{3-29}$$

式中，t_D为无因次生产时间，无因次。

（2）Butler 公式

$$T_D=e^{0.000629(\ln t_D)^3-0.0203(\ln t_D)^2+0.308\ln t_D+0.0150} \tag{3-30}$$

（3）Chiu 公式

$$T_D=0.982\ln(1+1.81\sqrt{t_D}) \tag{3-31}$$

（4）Hasan 公式

$$T_D=\begin{cases}1.1281\sqrt{t_D}(1-0.3\sqrt{t_D}) & t_D\leqslant 1.5\\(0.4063+0.5\ln t_D)(1+0.6/t_D) & t_D>1.5\end{cases} \tag{3-32}$$

（5）Cheng 公式

$$T_D=\ln\left(2\sqrt{t_D}\right)-0.2886+\frac{1}{4t_D}\left[1+\left(1-\frac{1}{w_r}\right)\ln(4t_D)+0.5772\right] \tag{3-33}$$

王弥康对部分公式进行了分析，通过对比较长时间内的误差发现 Hasan 公式具有较好的精确度。Hasan 和 Kabir 应用该公式对井筒附近的地层温度进行了分析计算，所得出的结果具有较好的精确性。Ferraire 与 Hasan 等人采用数值模拟方法进行了进一步的研究，认为式(3-29)～式(3-32)在不同无因次时间内的精确度不同，于是提出了一种新的组合计算方法，该计算方法结合了 Ramey 公式、Hasan 公式和 Cheng 公式的特点，如公式(3-34)所示：

$$T_D=\begin{cases}1.1281\sqrt{t_D}(1-0.3\sqrt{t_D}),\ t_D\leqslant 0.5\\ \text{Cheng 公式},\ 0.5<t_D\leqslant 20\\ \text{Ramey 公式},\ 20<t_D\end{cases} \tag{3-34}$$

式中，t_D为无因次生产时间，计算方法如式(3-35)所示：

$$t_D=\frac{t\alpha_e}{r_w^2} \tag{3-35}$$

将式(3-25)以及式(3-28)一起代入式(3-24)中后，再把对应的参数表达式代入，就可以得到井筒外边缘的温度，结果如式(3-36)所示：

$$T_{\mathrm{h}}=\frac{T_{\mathrm{D}}T_{\mathrm{f}}+2\pi\lambda_{\mathrm{e}}R_{\mathrm{to}}T_{\mathrm{e}}}{T_{\mathrm{D}}+2\pi\lambda_{\mathrm{e}}R_{\mathrm{to}}} \tag{3-36}$$

在获取井筒外边缘的温度表达式以后，将其代入式(3-25)，进行求解后就可以得到沿井筒径向的热流量，结果如式(3-37)所示：

$$\Phi_{\mathrm{r}}=\frac{2\pi\lambda_{\mathrm{e}}(T_{\mathrm{f}}-T_{\mathrm{e}})}{T_{\mathrm{D}}+2\pi\lambda_{\mathrm{e}}R_{\mathrm{tO}}}\mathrm{d}z \tag{3-37}$$

联立式(3-21)、式(3-22)和式(3-37)可以得到关于油管内流体温度的一阶线性非齐次微分方程，如式(3-38)所示：

$$\frac{\mathrm{d}T_{\mathrm{f}}}{\mathrm{d}z}+\frac{T_{\mathrm{f}}}{A}=\frac{T_{\mathrm{e}}}{A}$$

$$A=\frac{W_{\mathrm{f}}C_{\mathrm{f}}(T_{\mathrm{D}}+2\pi\lambda_{\mathrm{e}}R_{\mathrm{tO}})}{2\pi\lambda_{\mathrm{e}}} \tag{3-38}$$

式中，A 为计算参数，m。

式(3-37)是地层产出流体在油管中的温度分布，利用常数变易法求解，以深水油气井为例，得到如式(3-39)所示的表达式：

$$T_{\mathrm{f}}(z,\ t)=T_0+g_{\mathrm{e}}(A+h-h_{\mathrm{w}}-z)+A\frac{fv_{\mathrm{f}}^2}{r_{\mathrm{to}}C_{\mathrm{f}}}+Ce^{\frac{-z}{A}} \tag{3-39}$$

式中，h 为井深，m；h_{w} 为水深，m；z 为计算点与井底之间的距离，m；r_{to} 为油管半径，m；C 为待定系数，由井身结构确定。

C 需要代入边界条件才能确定。由于深水油气井套管层次较多，不同深度范围的井筒结构不同，因此需要把井筒按照纵向上的结构变化进行分段，然后代入不同的边界条件以确定每段的待定系数。如图 3-4 所示的深水油气井结构图，可分为 5 段。从井底开始，首先计算第一段(从井底开始计数)的温度分布，产出流体在井底的温度等于油藏所在地层的温度，因此第一段井筒的边界条件如式(3-40)所示：

$$T_{\mathrm{f}}(z=0,\ t)=T_0+g_{\mathrm{e}}(h-h_{\mathrm{w}}) \tag{3-40}$$

根据连续性原则，下一分段起始处的产出流体温度应等于上一分段截止处的温度，因此其他分段的边界条件如式(3-41)所示：

$$T_{\mathrm{f}}\ (z=z_{\mathrm{fd}},\ t)_{xi}=T_{\mathrm{f}}\ (z=z_{\mathrm{fd}},\ t)_{xi-1} \tag{3-41}$$

式中，xi 为井筒分段编号，无因次，$i\geqslant 2$；z_{fd} 为相邻两个井段与井底之间的距离，m。

3.2.3 投产前后井筒环空液体温度变化

在得到油管内流体的温度后，按照井筒径向传热规律和热阻分布即可求得环空的温度分布。如图 3-5 所示，由于上返的高温产出液和周围地层存在温度差，这会导致井筒与周围地层发生热量交换。井筒中流体向周围地层传热的形式可分为流体与固体之间的表面对流传热、环空液体内部的导热过程和固体内部的热传导。其中产出流体与油管内壁之间属于强制对流换热，对流传热系数的计算较为复杂，是具体对流传热过程中的一个过程量。由于环空液体处于静止状态，因此环空液体与环空内外壁之间属于热传导，而环空液体内部的热量传递过程机理较为复杂，热对流和热传导同时存在，但是可以通过实验测定导热系数来表征其导热能力。油管内外壁、套管内外壁和水泥环内外壁之间属于热传导，其过程相对简单。

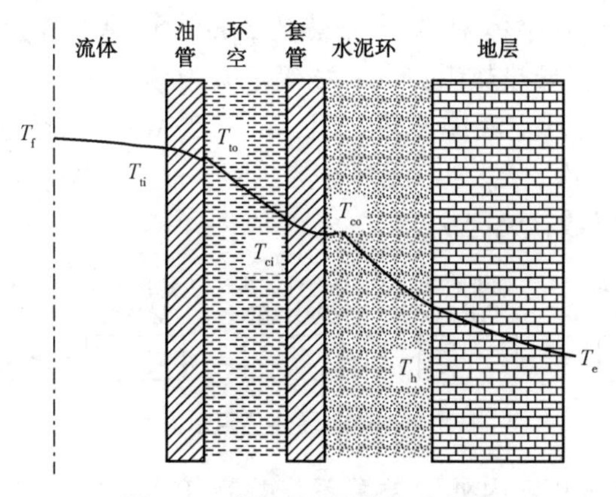

图 3-5　井筒-地层传热示意图

综上所述，其中对流传热热阻如式(3-42)所示：

$$R_{ch}=\frac{1}{2\pi r_{ch}h_s} \tag{3-42}$$

式中，R_{ch}为对流传热热阻，m · ℃/W；r_{ch}为计算点的半径，m；h_s为对流传热系数，W/(m^2 · ℃)。

由于油管内的产出流体流速一般较快，所以产出流体处于紊流状态。根据牛顿冷却定律和 Dittus-Boelter 特征数关联式，产出流体与油管内壁之间的强制对流换热系数如式(3-43)所示：

$$h_s=0.023\frac{\lambda_{cf}}{d_{to}}Re^{0.8}Pr^{0.3} \tag{3-43}$$

式中，λ_{cf}为产出流体的导热系数，W/(m · ℃)；Pr 为普朗特数，无因次。

环空液体、油管内外壁、套管内外壁和水泥环内外壁之间热阻如式(3-44)所示：

$$R_{tc}=\frac{1}{2\pi\lambda_{tc}}\ln\frac{r_2}{r_1} \tag{3-44}$$

式中，R_{tc}为导热热阻，m·℃/W；λ_{tc}为导热系数，W/(m·℃)；r_2为外径，m；r_1为内径，m。

如图 3-6 所示，径向导热总热阻符合热阻串联原理。多环空条件下，水泥环、套管和环空液体的数量也随之增加，因此多环空条件下径向传热热阻可以表示为：

$$R_{to}=R_{cht}+R_{tct}+\sum_{k=1}^{m}R_{tcck}+\sum_{j=1}^{n}R_{tcsx}+\sum_{y=1}^{u}R_{tcfy} \tag{3-45}$$

式中，R_{cht}为产出流体对流导热热阻，m·℃/W；R_{tct}为油管导热热阻，m·℃/W；R_{tcc}为套管导热热阻，m·℃/W；k为套管编号，无因次；m为套管层数，无因次；R_{tcs}为环空液体导热热阻，m·℃/W；j为环空编号，无因次；n为环空总数量，无因次；R_{tcf}为水泥环导热热阻，m·℃/W；y为水泥环编号，无因次；u为水泥环层数，无因次。

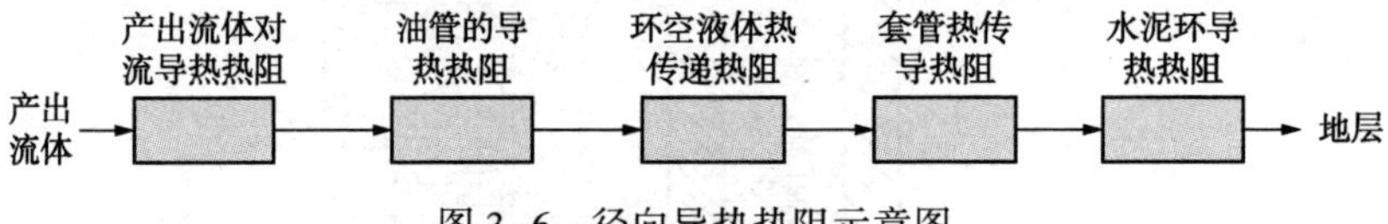

图 3-6　径向导热热阻示意图

根据径向热阻和井筒内外温差关系，井筒任意位置、时间的温度如式(3-46)所示：

$$T(z,\ r,\ t)=T_f+\frac{T_h-T_f}{R_{to}}R_{zro}=\frac{T_f(1+T_D)+2\pi\lambda_e T_e(R_{to}-R_{zro})}{T_D+2\pi\lambda_e R_{to}} \tag{3-46}$$

式中，R_{zro}为计算点与井筒外边缘之间的导热热阻，m·℃/W。

取环空中心处的温度作为环空液体的平均温度：

$$T_a=\frac{T_f(1+T_D)+\pi\lambda_e T_e(2R_{to}-R_{zroai}-R_{zroao})}{T_D+2\pi\lambda_e R_{to}} \tag{3-47}$$

式中，R_{zroai}为沿着密闭环空内层套管到井筒外边缘间的热阻，m·℃/W；R_{zroao}为沿着环空外侧套管到井筒外边缘间的热阻，m·℃/W。

环空平均温度变化值如式(3-48)所示：

$$\Delta T_a=\frac{\int_{z_i}^{z_o}T_a\mathrm{d}z}{z_o-z_i}-T_{an0} \tag{3-48}$$

式中，T_{an0}为环空初始平均温度，℃。

3.3 密闭环空压力起压规律分析

3.3.1 井筒温度与密闭环空压力计算

获取井筒温度变化值后，即可计算环空压力。某深水油井井身结构如图 3-4 所示，水深为 920m，产出物为油水混合物，相关参数见表 3-1。计算中认为该井密封性完好，不存在环空液体的漏失。

表 3-1 计算参数

参数	数值	参数	数值
地温梯度/(℃/100m)	4.3	套管弹性模量/GPa	210
地层导热系数/[W/(m·℃)]	1.92	地层密度/(g/cm^3)	2.15
水泥环导热系数/[W/(m·℃)]	0.95	套管线性膨胀系数/$℃^{-1}$	1.25×10^{-5}
套管导热系数/[W/(m·℃)]	50.5	产液量/(t/d)	120
环空流体导热系数/[W/(m·℃)]	0.62	地层热扩散系数/(m^2/s)	11.7×10^{-7}
产出液比热容/[J/(kg·℃)]	3000	油管粗糙度/m	2.5×10^{-5}
套管泊松比	0.3	海底泥线温度/℃	4

图 3-7 所示的是生产时间为 200d 后的井筒温度分布图。可以看出，各个环空的温度由内向外依次降低，并且沿着从井底到井口的方向降低。A 环空在井口处温度最低，最低温度不超过 80℃，但仍远大于泥线附近的温度。B 环空和 C 环空在水泥环顶部出现最高温度，分别为 140.62℃和 108.89℃，最低温度分别为 63.32℃和 53.32℃。对比不同深度条件下环空温度与地层温度之间的差值可以发现，温度差沿着从井底到井口的方向增加。以 B 环空为例，水泥环顶部处的温度差为 42.06℃，而井口处的温差为 59.32℃。假设在投产之前井筒已经与地层之间发生了充分的热交换，即地层温度分布与井筒温度分布一致，那么由图 3-7 可见，环空中的液体温度发生了大幅度的上升，与初始温度之间产生了温度差，具备了产生密闭环空压力的条件。

在获取环空液体的等温压缩系数和等压膨胀系数后，就可求取密闭环空压力。环空液体的等温压缩系数和等压膨胀系数平均值分别为 0.000483MPa^{-1} 和 0.000465$℃^{-1}$，表 3-2 所示的是三个环空温度变化数值和环空压力大小。可以看出在产出液影响下，环空温度和压力均大幅上升。其中 B 环空的密闭环空压力最大，为 50.72MPa，C 环空的环空压力较小，为 44.82MPa。

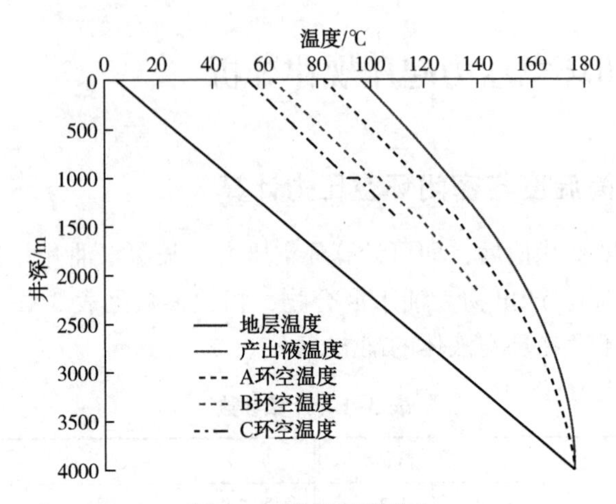

图 3-7　井筒温度分布

表 3-2　生产前后环空平均温度和压力变化

环空	生产前平均温度/℃	生产后平均温度/℃	环空压力/MPa
A	90	140. 61	48. 50
B	51. 3	104. 22	50. 72
C	34. 1	80. 87	44. 82

3. 3. 2　密闭环空压力随生产时间的变化规律

图 3-8 所示的是井内温度压力分布随时间变化趋势。根据温度分布模型，认为井筒内传热过程为一维稳态传热，但是水泥环外边缘处的温度变化可将地层内非稳态特征反馈到井筒中，间接反映环空温度随时间的变化规律。需要指出的是

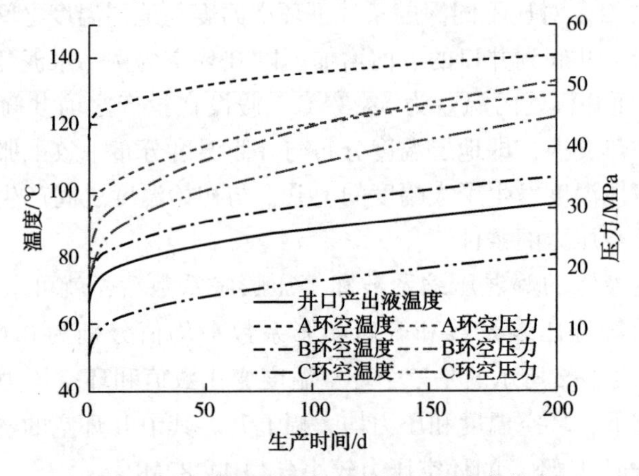

图 3-8　井内温度压力分布随时间变化趋势

这里的0生产时间代表油管中充满液体且热量传递到井筒最外侧但尚未进入地层的时刻。从图3-8中可以看出环空压力和温度的变化规律具有统一性，这说明环空的温度是影响密闭环空压力的决定性因素。在生产初期(t<10d)，环空温度和地层流体井口温度上升较快，之后随着生产时间的增加变化逐渐放缓。这说明环空温度上升主要集中在生产初期，相应的环空压力也会迅速增加。

3.3.3 密闭环空压力随地温梯度的变化规律

地层流体是井筒内温度上升的能量来源，地温梯度决定了地层流体初始温度的大小。从图3-9可以看出，环空温度和压力与地温梯度大致呈线性关系，随地温梯度的增加而升高。因此，高温油气藏中的油气井在管柱设计过程中必须考虑环空压力对井筒完整性的影响，防止发生管柱损坏事故。

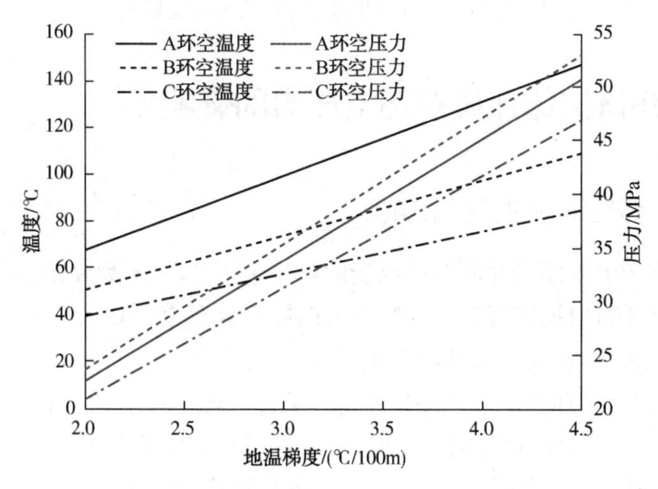

图3-9 地温梯度对环空温度压力的影响

3.3.4 密闭环空压力随产液量的变化规律

图3-10为井筒温度随产液量的变化曲线，图中曲线表明，地层流体井口温度和各环空的温度以及压力随产液量的增加呈上升趋势，但是上升速度逐渐减小。在产液量大于800t/d的条件下，地层流体出口温度相对于原始温度变化不超过10%，并且环空平均温度、压力不再发生大幅度的变化。因此，当单井产量大于某一值时可认为地层流体在沿井筒上升过程中温度不发生变化。为保持一定的原油产量，深水油井在生产中后期产量普遍较大，因此小幅度调节产量不能有效降低环空压力，应在井身设计阶段采取相应的措施来应对环空高压。

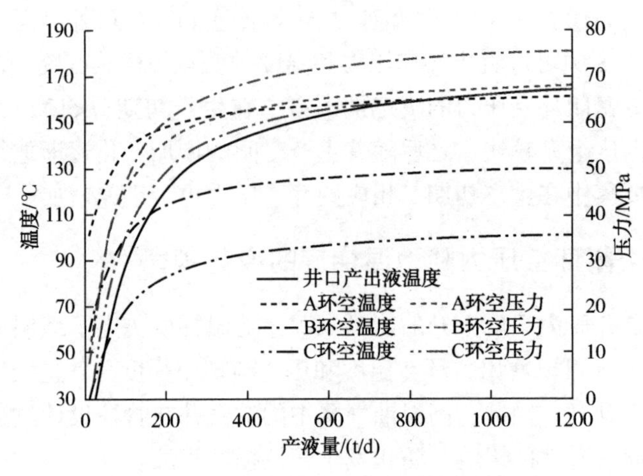

图 3-10　产量对井筒温度压力分布的影响

3.4　井筒流体性质对环空压力的影响

3.4.1　环空液体性质的影响

高温地层产出流体是井筒温度改变的热量来源，环空液体则是压力产生的载体，因此研究井筒内流体特性对环空压力的影响具有重要意义。

(1) 环空液体膨胀压缩性的影响

图 3-11 展示了环空液体膨胀性与可压缩性对环空压力的影响。由图 3-11 可知，环空压力随着液体等压膨胀系数的增加而增加，随着等温压缩系数的增加而减小，变化趋势相反。如式(3-49)所示，定义环空液体膨胀压缩比，可知环空液体的膨胀压缩比越小，环空压力越小。密闭环空压力整体随着液体等温压膨胀系数和等温压缩系数增加而变缓，增加到一定值时环空压力不再发生明显变化。

$$EC=\frac{k_{\mathrm{T}}}{\alpha} \tag{3-49}$$

式中，EC 为环空液体的膨胀压缩比，℃/MPa。

以等温压缩系数为例，图 3-12 显示，不同时间和工况下环空压力均随着液体等温压缩系数的增加而降低，不同范围的敏感程度不同。以基础数据曲线为例，环空液体等温压缩系数在(3.0~6.0)$\times10^{-4}$MPa^{-1}范围变化时，调控效果明显。然而，当等温压缩系数超过 8.0$\times10^{-4}$MPa^{-1}以后，环空压力的变化幅度偏小。

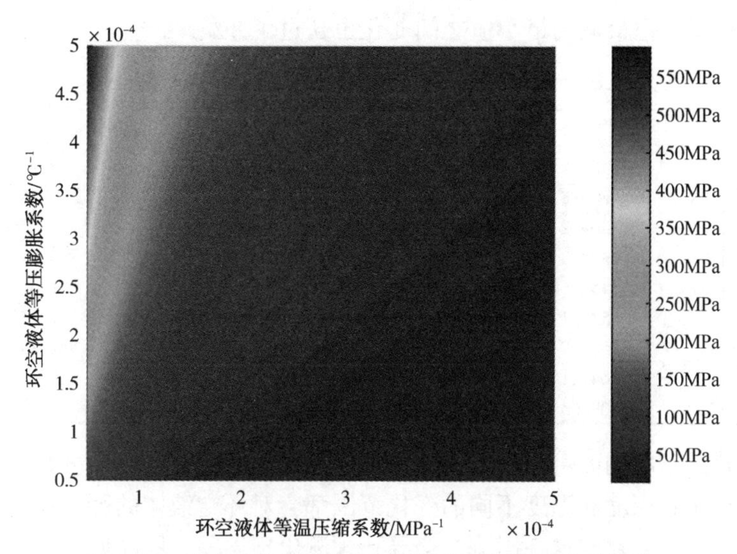

图 3-11 环空液体膨胀性与可压缩性对环空压力的影响

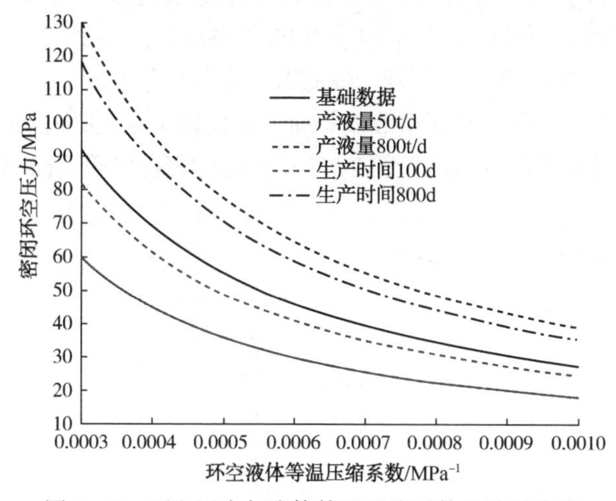

图 3-12 环空压力与液体等温压缩系数的关系曲线

上述分析可知，环空液体的膨胀压缩性质对密闭环空压力具有显著的影响。通常来说，环空液体是残留的钻井液或者完井液，而不同类型的环空液体的膨胀压缩性质是不同的，测试也表明相同温度下的不同液体所产生的密闭环空压力相对差值超过了 58.33%（绝对差值 24MPa）。这说明，在预测密闭环空压力的时候，需要根据具体的环空液体类型对其膨胀压缩性进行测定，从而保障预测精确度。液体等压膨胀系数和等温压缩系数是随着温度发生变化的。目前，各类液体所采用的等压膨胀系数与等温压缩系数是在 20℃ 条件下测得的。如表 3-3 所示，纯水在 60℃ 温度下等压膨胀系数是在 20℃ 条件下的 2.53 倍，等温压缩系数的变化则相对稳定，但最大与最小值之间变化也超过了8%。

表3-3 不同温度下纯水的膨胀压缩性能对比

温度/℃	等压膨胀系数/10^{-6}℃$^{-1}$	等温压缩系数/10^{-6}MPa^{-1}	膨胀压缩比/(MPa/℃)
10	88.0	478.0	0.1841
20	206.8	459.0	0.4505
30	303.2	448.0	0.6768
40	385.3	442.0	0.8717
50	457.6	442.0	1.0353
60	523.1	445.0	1.1755
70	583.7	452.0	1.2914
80	641.1	461.0	1.3907
90	696.3	477.0	1.4597

结合井筒温度剖面可知，不同井深条件下的温度变化范围和变化值也是不同的，这就意味着深度和温度不同的变化范围都会对环空液体的膨胀压缩性能产生影响。显然，如果忽略这一影响，会导致预测出现误差，同时实验测试也表明环空液体的性质的改变是引起高温下的环空压力预测值误差较大的原因。为克服这一影响，这里采用环空液体等温压缩系数和等压膨胀系数随纵向井深和径向温度变化的平均值来计算密闭环空压力。该平均值的物理意义如图3-13所示，求取平均值之前，应先进行实验测定环空液体等温压缩系数和等压膨胀系数随温度的变化关系，然后求取井筒温度分布图。图3-13所示的过程可以用式(3-50)表示。

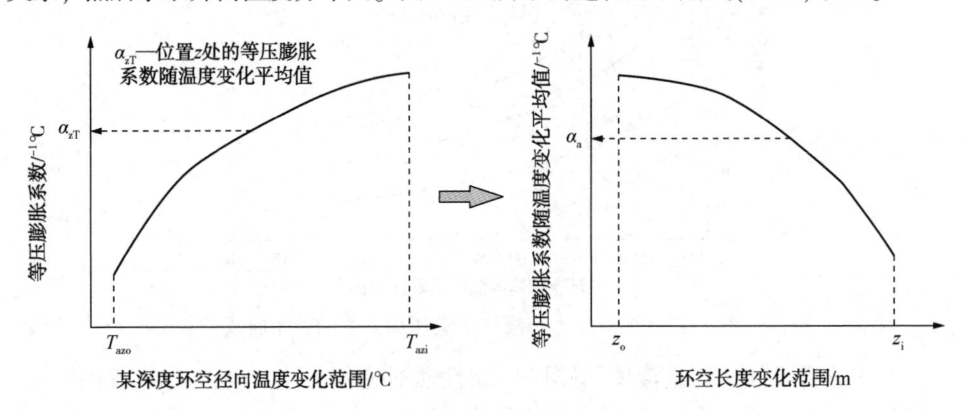

图3-13 环空液体等压膨胀系数平均值示意图

$$\alpha_a = \frac{\int_{z_i}^{z_o}\int_{T_{azo}}^{T_{azi}} \alpha(T)\,\mathrm{d}T\mathrm{d}z}{\int_{z_i}^{z_o}\int_{T_{azo}}^{T_{azi}} \mathrm{d}T\mathrm{d}z} \tag{3-50}$$

式中，α_a为环空液体平均等压膨胀系数，℃$^{-1}$；$\alpha(T)$为等压膨胀系数与温度的变化关系，℃$^{-1}$；T_{azo}为位置z处的环空初始温度，℃；T_{azi}为投产以后位置z处的环空温度，℃。

同理，平均等温压缩系数如式(3-51)所示：

$$K_{Ta}=\frac{\int_{z_i}^{z_o}\int_{T_{azo}}^{T_{azi}}K_T(T)\,dT\,dz}{\int_{z_i}^{z_o}\int_{T_{azo}}^{T_{azi}}dT\,dz} \tag{3-51}$$

式中，K_{Ta}为环空液体平均等温压缩系数，MPa^{-1}；$K_T(T)$为等温压缩系数与温度的变化关系，MPa^{-1}。

(2) 环空液体导热系数的影响

图3-14是环空压力随着油套环空(A环空)液体导热系数的变化曲线。根据曲线形态可知，整体上环空压力随导热系数的增加而增加，但是增加的速度随着导热系数的增加而降低。环空液体导热系数的影响机理可以从密闭环空液体的产生条件解释。环空液体是构成井筒径向传热热阻的重要一部分，当其导热系数降低以后，井筒的径向传热热阻就相应增加，热阻增加后径向传递的热量就减少，因此环空液体温度的变化速度和幅度就都得到了控制，进而降低了环空压力。对比不同条件下的曲线可知，当环空液体导热系数大于0.6W/(m·℃)时，各曲线差值较大，差值最高可达40.19MPa，其中产液量的影响尤为显著。当导热系数在0.2W/(m·℃)以下时，差值显著减小，在0.05W/(m·℃)处基本处于同一数值范围。这表明，较小的环空液体导热系数对于不同时间和产液量的环空压力均具有较好的调控效果。可以通过在环空中注入高性能隔热液体来控制密闭环空压力。同理，采用隔热油管或套管也能提高井筒的径向导热热阻，实现降低密闭环空压力的目标。

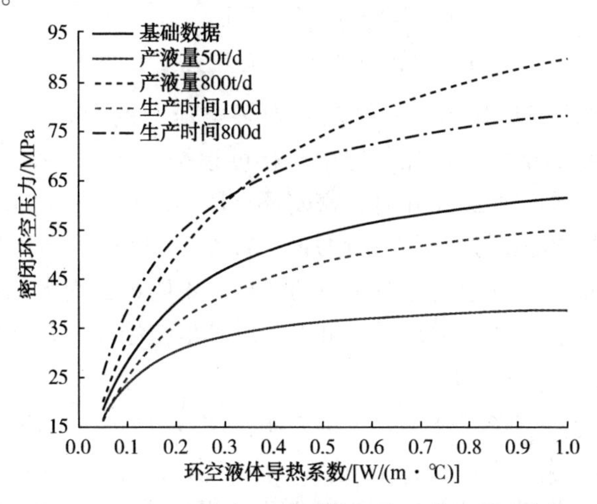

图3-14 环空压力与环空液体导热系数的关系曲线

3.4.2 产出液体性质的影响

(1) 产出液热容流率的影响

图 3-15 是环空压力随比热容和日产液量的变化趋势，可知环空压力随着环空液体比热容和日产量的增加而增加。定义产出液比热容与质量流速的乘积为热容流率，用来表征单位时间内通过油管界面的能量密度。可知，产出液热容流率的增加会引起环空压力的上升。这是因为径向传热速度随着热容流率增大而加快，从而环空压力也就越大。产出液比热容取决于油藏液体的组分及性质，而日产液量是可以调整控制的。图 3-15 也显示出日产液量对密闭环空压力的影响要大于比热容。

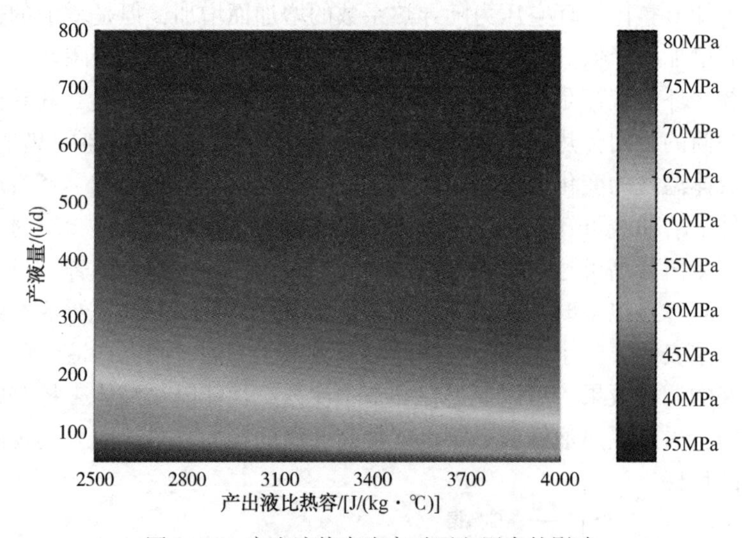

图 3-15　产出液热容流率对环空压力的影响

图 3-16 更加清晰地显示了日产液量对环空压力的影响。由曲线形态可知，环空压力随着产量的增加而增加，但增长幅度逐渐放缓。以基本数据曲线为例，当产液量由 50t/d 增加到 200t/d 时，密闭环空压力增加了 29.0MPa。而当产液量从 500t/d 增长到 800t/d 时，压力仅增加 3.64MPa。因此，当油气井的产量较大时，通过调整产量来控制密闭环空压力的效果并不明显，而大幅度降低产量来达到调控目标会影响收益，这种情况下可以采取其他措施控制环空压力。

(2) 产出液温度的影响

产出液是井筒温度场再分布的热量来源。图 3-17 是产出液井底温度对密闭环空压力的影响曲线。由曲线形态可知，环空压力与产出液井底温度呈线性关系，不同条件下的曲线仅斜率发生轻微变化。产出液井底温度与地层温度相关，

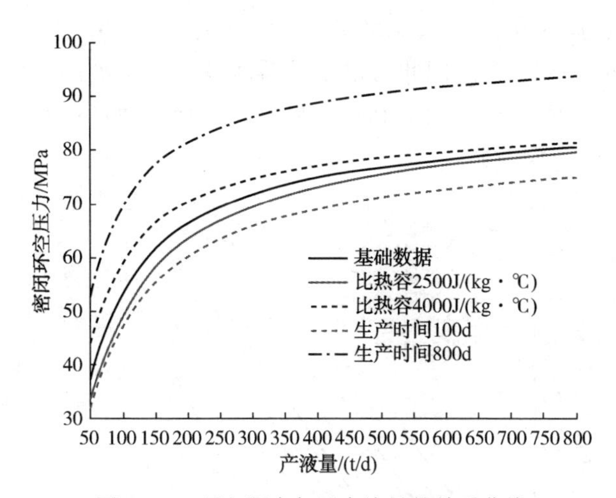

图 3-16　环空压力与日产液量的关系曲线

当产出液地层温度由 90℃增加到 184℃时，对应的地温梯度由 2. 15℃/100m 增加到 4. 5℃/100m。目前，世界上几个深水油气集中的区域，如我国南海、巴西海域和西非海域均是典型的高温油气田。我国南海地区莺歌海地区的地层温度最高达到了 4. 6℃/100m，我国第一口深水高温高压探井陵水 25-1S-1 的井底温度超过了 150℃。因此，高温油气井在管柱设计过程中需要格外重视密闭环空压力对井筒完整性的影响，防止发生事故。

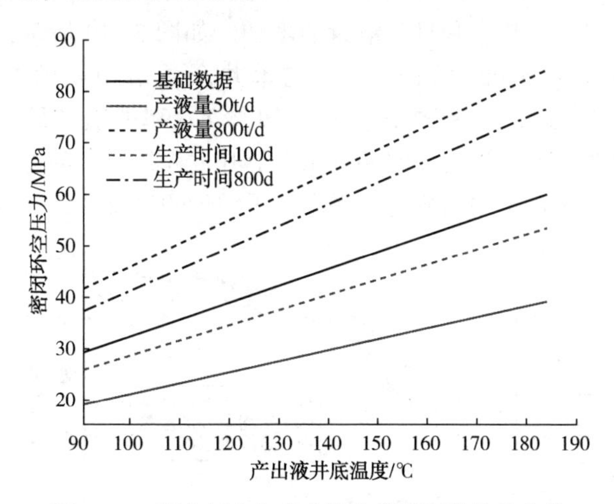

图 3-17　环空压力与产出液井底温度的关系曲线

生产实践证明环空压力与产出液井口温度之间存在一定的关系。密闭环空压力和产出液的井口温度均随生产时间的改变而发生变化，由此可以建立产出液井口温度与密闭环空压力之间的关系。图 3-18 所对应的生产时间为 10~800d。可以看出，环空压力与产出液井口温度呈近似线性关系。以基础数据曲线为例拟合公式为 $y=1.1068x-58.372$。因此可以通过监测井口产出液的温度来估算环空压力的大小。由图 3-18 中曲线斜率和位置可见，产液量对产出液井口温度与密闭环空压力关系的影响较为显著。

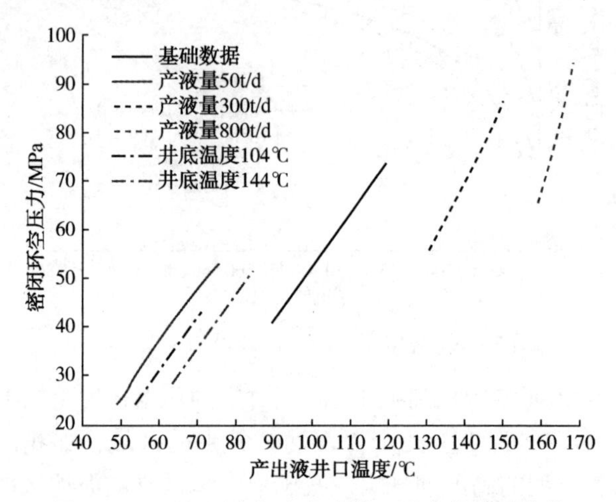

图 3-18　环空压力与产出液井口温度的关系曲线

(3) 产出液含水率的影响

实际生产中，油井产出液含水率不断上升，最终到达相对平稳状态。含水率的上升意味着产出液比热容和日产液量的增加。如图 3-19 所示，某海上油田投产以后含水率由 0 上升至 96.23%，平均单井产量由初期的 $500m^3/d$ 上升至 $1000m^3/d$ 以上。结合第 3.3 节中的分析可知，含水率的上升最终会导致环空压力的增加。这说明，深水油气井的环空压力上升过程是一个动态过程，在实际的预测中要考虑产出液含水率的变化，提高分析评价的可靠性。

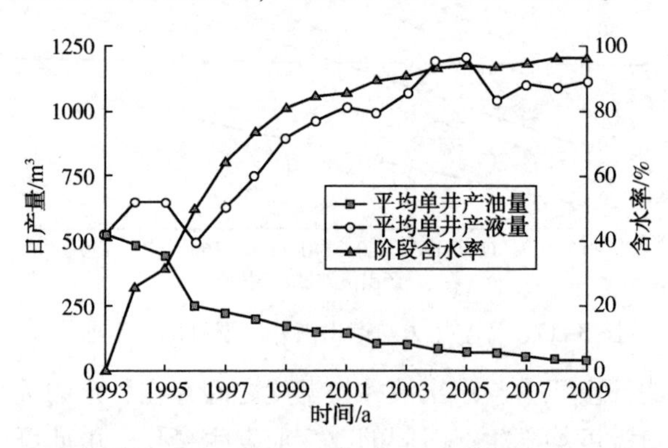

图 3-19　某海上油田生产情况

3.4.3 井筒环空饱和度的影响

环空饱和度定义为环空液体与环空的体积比。在图 3-20 中，环空压力在环空饱和度小于一定值时为零，之后呈线性增长。以基础数据曲线为例，当环空饱和度低于 0.972 时，环空压力保持为零。随后，环空压力随着环空饱和度的增加增长至 57.32MPa。从环空饱和度的定义可知，环空饱和度越低，环空与环空液体之间的体积差值也就越大，这意味着环空并未完全被环空液体占据，因此留有空间来容纳受热发生热膨胀的环空液体，缓和环空液体与环空之间的体积矛盾，从而降低密闭环空压力。根据曲线可以看出，不同条件下环空压力保持为零的位置不同，随着生产时间和产液量的增大而向坐标轴左侧移动。以上分析表明，降低环空饱和度能够有效控制甚至彻底消除环空压力。

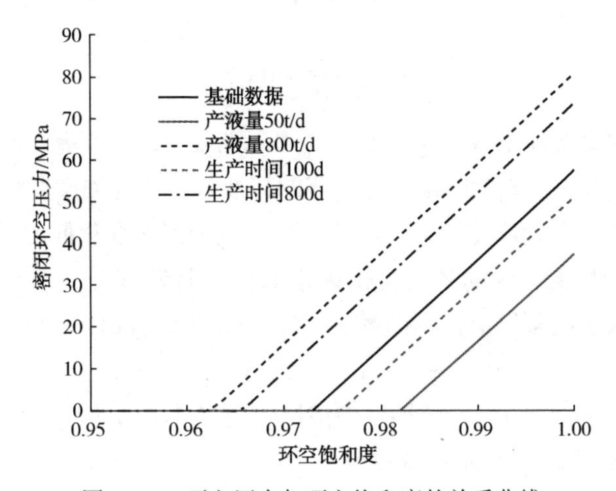

图 3-20　环空压力与环空饱和度的关系曲线

定义任何工况下环空压力始终保持为零的环空饱和度为极限环空饱和度 S_{an}，此时环空体积变化只与温度有关。因为井筒的最高温度等于油藏温度，S_{an} 的计算公式如式(3-52)所示。然而，环空压力在有限生产时间内是难以达到极限值的，因此可以根据油气井所能达到的压力值来计算合适的环空饱和度。

$$S_{an}=\frac{V_a+\Delta V_a}{V_a[1+\alpha(g_e h+T_0)]} \tag{3-52}$$

式中，S_{an} 为极限环空饱和度，无因次。

3.4.4 可控因素敏感性评价与分析

(1) 影响因素敏感性评价指标与方法

密闭环空压力的调控是通过改变相关影响因素来实现的，因此准确评价各类可控因素对密闭环空压力的影响能力，即敏感性，是实现密闭环空压力高效调控的前提。然而传统的敏感性评价方法受限于不同因素的单位、数量级和改变范围，无法准确比较不同因素之间的敏感性。比如产液量和环空液体压缩系数之间的比较，产液量的单位是t/d，数量级为10^2，而压缩系数的单位是MPa^{-1}，数量级为10^{-3}，显然如果使用单位变化率是无法比较这两个因素的敏感性的。

为克服不同因素之间单位、数量级和范围所带来的影响，有必要建立一种无因次指标来评价因素的敏感性。把影响因素的敏感性定义为某一因素一定范围内变化一定数值时所对应的环空压力在一定范围内的波动程度。而标准差系数，又称为均方差系数或离散系数，能够反映一组数据的变动程度，并消除单位差异所带来的影响。因此引入影响因素与环空压力的标准差系数比值来表征某一因素敏感度，称为比变异系数，如式(3-53)所示：

$$C_r=\frac{\sigma_p x'_{fa}}{\sigma_x P_{ea}}\times 100\% \tag{3-53}$$

式中，C_r为比变异系数，无因次；σ_p为环空压力的标准差，MPa；P_{ea}为环空压力的平均值，MPa；σ_x为因素变化数值的标准差；x'_{fa}为因素变化值的平均值。

按照敏感性定义和比变异系数计算方法，x'_{fa}为因素变化值的平均值，而不是该因素取值的平均值。因此要对各个因素取值进行归零化，即只取因素的变化量，这样就克服了因素取值范围的影响，如式(3-54)所示：

$$x_j=x_j-\min(x_1,\ x_2,\ x_3,\ \cdots,\ x_n) \tag{3-54}$$

式中，x_j为因素x的第j个值；n为因素取值个数，无因次。

(2) 可控影响因素及其评价结果

环空液体膨胀性、温度及比热容属于不可控因素，因此只对环空液体的等温膨胀系数及导热系数、环空饱和度和日产液量进行分析评价。同时根据各个因素对密闭环空压力的影响规律可知，密闭环空压力在不同因素取值范围内的变化速度也具有明显差异，因此首先需要根据曲线形态划分评价范围，然后再进行敏感性评价。表3-4是按照密闭环空压力随因素变化的规律划分的影响因素的取值范围与变化范围。

表3-4 影响因素及其范围

编号	因素	取值范围	变化范围
A	环空饱和度	0.972~1.0	0~0.028
B	环空液体导热系数/[W/(m·℃)]	0.05~0.35	0~0.30
C	等温压缩系数/$10^{-4}MPa^{-1}$	3~6	0~3

续表

编号	因素	取值范围	变化范围
D	产液量/(t/d)	50~200	0~150
E	等温压缩系数/$10^{-4}MPa^{-1}$	8~10	0~2
F	环空液体导热系数/[W/(m·℃)]	0.7~1.0	0~0.3
G	产液量/(t/d)	500~800	0~300

图3-21是利用比变异系数对表3-4中的因素进行敏感性评价的结果。可以看出，不同因素之间敏感性相差很大，相同因素不同范围内敏感性也存在较大差异。各因素按照敏感性强弱依次是环空饱和度、环空液体导热系数[取值范围为0.05~0.35W/(m·℃)]、等温压缩系数[取值范围为$(3\sim6)\times10^{-4}MPa^{-1}$]、产液量(取值范围为50~200t/d)、等温压缩系数[取值范围为$(8\sim10)\times10^{-4}MPa^{-1}$]、环空液体导热系数[取值范围为0.7~1.0W/(m·℃)]和产液量(取值范围为500~800t/d)。其中环空饱和度的敏感性远大于其他因素，达到106.52%。而编号为E、F和G的三个因素敏感性显著低于其他因素，最低仅为2.28%。由于深水油气井日产液量较高，并且降低产量会影响油气井收益，因此一般不通过这一措施来进行调控。根据量化的评价结果可以得出结论，环空饱和度、环空液体导热系数以及环空液体的等温压缩系数在密闭环空压力的调控方面具有较大的潜力。需要注意的是，只有把导热系数和等温压缩系数控制在较小的范围时，才能够取得良好的效果。影响因素评价可为调控措施的选取和归纳分析提供一定的依据。

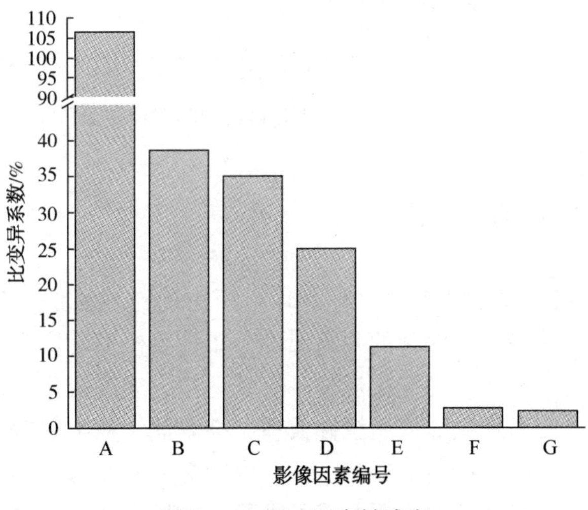

图3-21　影响因素敏感度

图 3-22 定性地描述了各调控措施的工程可行性，分析如下：①安装在套管外侧的可压缩物质可在一定程度上降低环空饱和度，但只能保护单一环空且不能从根本上消除环空压力。②环空中注入多元醇、可溶性盐等能有效降低液体导热系数。同理，安装隔热油管或套管也是可行的。③在环空液体中混入氮气或可压缩的玻璃微球能够调节其压缩性。但深水油气井的水深一般超过 500m，超深水可达 1000m 以上，氮气或玻璃微球在注入过程中首先受到隔水管内液柱压力的作用，造成氮气的可压缩性大幅降低或玻璃微球提前破裂。④深水油气田的成本回收依赖于高产量，因此无论是从经济效益还是调控效果角度来讲，降低日产液量均不具有可行性。为了充分降低密闭环空压力所带来的井筒完整性失效风险，可以从以下几个方面入手进行调控：一是研发特殊结构的套管或井口设备，可以在一定条件下释放发生热膨胀的环空液体，通过调控环空饱和度来控制密闭环空压力。二是研制高性能隔热材料和压缩性好的材料，优化环空液体可压缩性和导热性，实现对密闭环空压力的有效控制。

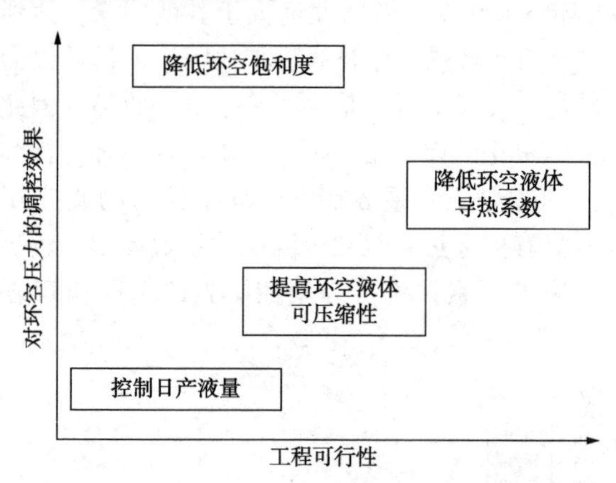

图 3-22　调控措施工程可行性与调控效果

3.5　本章小结

① 遵照体积相容性原则提出了计算环空压力的迭代方法，建立了基于能量守恒定律和多层圆筒壁传热原理的井筒温度分布计算模型，实现了对密闭环空压力的预测分析。温度和压力的变化规律具有统一性，温度变化是环空压力的主控因素。环空平均温度与地温梯度呈线性关系，高温油气藏中的深水油气井需要重视环空压力对井筒完整性产生的影响。环空温度的上升和压力的累积主要集中在投产初期，随着生产时间的增长逐渐趋于平稳，在投产初期应采取必要的措施对环空温度和压力进行管控。产量大于一定值时，可以认为地层流体在上升过程保

持恒温以简便计算。深水油井在生产中后期产量较大，应在设计中提前采取相应措施应对环空高压。

② 环空压力随着环空液体膨胀压缩比的减小而降低，但变化趋势逐渐放缓。环空导热系数的降低能够增加井筒径向热阻，实现对密闭环空压力的有效调控，导热系数越低，调控效果越强。环空饱和度与环空压力之间存在线性关系，且能从根本上消除环空压力。产出液热容流率的增加会导致环空压力上升，调控效果随日产液量增加而减弱。环空压力与产出液地层温度呈线性增加关系，利用产出液井口温度可对环空压力进行估算。

③ 环空液体压缩性及导热系数、环空饱和度和日产液量作为可控因素，其敏感性和工程可行性具有差异。环空饱和度的敏感性远高于其他因素。环空液体导热系数、等温压缩系数和日产液量的敏感性依次降低，但处于同一数量级。从工程角度来看，环空液体的导热系数具有较高的调控可行性，环空液体可压缩性次之。降低环空饱和度工程可行性较低，降低日产液量基本不具有工程可行性。研发特殊结构的套管或井口设备、研制高性能隔热材料和压缩性好的材料，可以实现对密闭环空压力的有效控制。

第4章　复杂高温井筒环空异常带压危害分析

井筒一旦形成较高的环空压力就会严重危害管柱安全和井筒完整性。尤其是深水油气井，其套管环空压力无法释放调节。密闭环空压力会改变井筒内的压力分布情况，并且随着生产参数的调整以及关井等发生压力波动。研究表明，井筒内部的压力波动会影响水泥环的密封完整性，而水泥环密封失效会导致地层内的高压气体窜流，聚集在环空上部，形成另一种环空压力——持续环空压力(Sustained casing pressure)，造成严重安全隐患。套管强度设计是依据钻完井过程中的最大静态危险载荷设计的，并未把生产过程中产生的密闭环空压力考虑在内，因此套管柱的完整性也会受到威胁，这也是墨西哥湾 Marlin 油田深水油气井的废弃、Pompano A-31 卡钻事故和 Mad Dog Slot 油气田 W1 井的油管变形等事故的主要原因之一。因此，本章研究了密闭环空压力对水泥环密封完整性和套管柱强度可靠性的影响，提出了水泥环-套管界面在密闭环空压力影响下的密封完整性评价方法，分析了相关因素的影响。计算了环空带压条件下的套管应力分布和强度变化，评价了密闭环空压力对套管强度安全可靠性的影响。

4.1　环空带压对套管强度可靠性的影响

4.1.1　环空压力对套管强度可靠性的影响

套管是油气井安全生产的屏障，强度设计依据的是钻完井过程中最危险情况下的掏空载荷。密闭环空压力引发的管柱损毁事故井分析见表4-1。从表4-1中可以看出，目前与密闭环空压力相关的事故主要表现为套管强度可靠性的降低，即当环空压力所造成的压差超过套管的设计强度时，套管就会发生挤毁变形，在深水油气井、页岩气水平井、蒸汽注采井和地热开采井中均有出现。

表 4-1 密闭环空压力引发的事故井分析

事故地点	事故井类型	事故概述	发生阶段
墨西哥湾	深水油气井（Marlin A2 井）	生产套管严重变形，挤毁油管，油气井废弃	投产初期
墨西哥湾	深水油气井（Mad Dog Slot W1 井）	生产套管挤毁	生产过程
墨西哥湾	深水油气井（Pompano A-31 井）	16″技术套管变形，导致钻柱被卡	钻井阶段
长宁-威远页岩气示范区	页岩气水平井	水平段生产套管损毁	生产过程
加拿大 Peace River area	蒸汽注采井	生产套管变形挤毁，注采管柱损坏	蒸汽注入阶段
德国南部 Molasse Basin	深层地热开采井	生产套管挤毁	地热开采过程

结合案例和已有研究，可知密闭环空压力对套管强度可靠性的影响主要体现在三个方面：①环空内侧发生挤毁变形。一般情况下，环空内侧的套管未被水泥环固定，称为“自由套管”。在这种情况下，套管直接承受环空压力的作用，因此当其抗外挤强度不足以抵抗环空压力时，套管就会被挤毁。研究还表明，环空压力的快速增加还会加剧套管应力集中现象，套管会发生弹性变形。图 1-17、图 1-12 分别是加拿大蒸汽注采井生产套管和墨西哥湾 Pompano A-31 井中的 16″套管被环空压力挤毁变形的图片，可见生产套管破裂也造成了油管变形，这也是 BP 公司 Marlin 油田深水井废弃的原因之一。②影响套管的稳定性，增加管柱的轴向载荷。环空压力的增加会直接增加环空外侧套管所承受的内压力，这会降低套管的稳定性。与此同时，管柱的轴向载荷也会随着环空压力的增加而增加，当超过临界载荷以后，管柱会发生屈曲变形。③加快套管腐蚀，降低套管强度。地层内的腐蚀性流体会腐蚀套管，降低套管强度。套管的腐蚀速率会受到外部载荷的影响，外部载荷越高，腐蚀速率越快，环空带压就相当于增加了套管所承受的外部载荷，因此套管会加速腐蚀。目前，部分含有强腐蚀性流体的油气井已经把环空带压和套管腐蚀纳入套管强度设计考虑的因素中。

4.1.2 环空压力对套管应力分布的影响

合理的套管强度设计是确保油气井顺利钻进和安全生产的前提。然而，目前的套管柱设计是基于钻完井中的静态载荷设计的，并未考虑到生产过程中井筒内产生的密闭环空压力。传统的套管柱设计中，套管的强度设计常常采用最大载荷法，即套管的强度应大于最大危险载荷与安全系数的乘积，套管强度设计应保证强度、通径和耐用性，并满足钻完井和油气井生产过程中各种工况和载荷条件，即在油气井的任何阶段，套管柱上任一点的套管强度均应大于该点承受的应力载荷。因此选用安全系数作为评价环空压力对套管柱完整性影响的指标，当校核所得的安全系数不低于设计安全系数时，认为管柱处于安全状态；当校核安全系数小于设计安全系数但是不低于最小安全系数时，认为管柱存在一定的风险；当校核安全系数低于最小安全系数时，认为管柱处于危险状态，面临挤毁或变形的风险，如式(4-1)所示：

$$\begin{cases} S_a \geqslant S_d & \text{安全} \\ S_m \leqslant S_a < S_d & \text{存在风险} \\ S_a < S_m & \text{危险} \end{cases} \tag{4-1}$$

式中，S_a为密闭环空压力产生后的校核安全系数，无因次；S_d为管柱设计过程中的安全系数，无因次；S_m为最小安全系数，无因次。

校核得到的安全系数S_a是考虑密闭环空压力的套管载荷与套管强度的比值，校核安全系数如式(4-2)所示：

$$S_a = \frac{p_{sd}}{\sigma_{pa}} \tag{4-2}$$

式中，p_{sd}为套管的强度，MPa；σ_{pa}为密闭环空压力产生后的套管柱载荷，MPa。

环空压力产生以后，套管柱两侧承受较高的内外压力，因此套管柱载荷和强度应按照三轴应力进行计算，三轴应力计算方法如式(4-3)所示：

$$\begin{cases} \sigma_r = \dfrac{p_n r_i^2 - p_w r_o^2}{r_o^2 - r_i^2} - \dfrac{(p_n - p_w) r_i^2 r_o^2}{r^2 (r_o^2 - r_i^2)} \\ \sigma_t = \dfrac{p_n r_i^2 - p_w r_o^2}{r_o^2 - r_i^2} + \dfrac{(p_n - p_w) r_i^2 r_o^2}{r^2 (r_o^2 - r_i^2)} \\ \sigma_a = \dfrac{10^3 P_e}{\pi (r_o^2 - r_i^2)} \end{cases} \tag{4-3}$$

式中，σ_r为套管径向应力，MPa；σ_t为套管周向应力，MPa；σ_a为套管轴向应力，MPa；r_o为套管外半径，mm；r_i为套管内半径，mm；p_w为套管柱外侧压力，MPa；p_n为套管柱内侧压力，MPa；P_e为套管的轴向力，kN。

套管柱两侧同时存在环空压力的条件下，环空中的液柱可以把密闭环空压力传导至任意深度的套管，此时某一深度套管柱内外侧的压力由液柱压力和密闭环空压力构成，可以分别用式(4-4)和式(4-5)表示：

$$p_{w}=p_{aw}+10^{-3}\rho_{fw}gh_{c} \tag{4-4}$$

$$p_{n}=p_{nw}+10^{-3}\rho_{fn}gh_{c} \tag{4-5}$$

式中，p_{aw}为套管柱外侧环空压力，MPa；ρ_{fw}为套管外侧环空液体密度，g/cm^3；h_c为套管计算点处的深度，m；p_{nw}为套管柱内侧环空压力，MPa；ρ_{fn}为套管内侧环空液体密度，g/cm^3。

轴向力受套管柱重力作用，还受到井筒内液体的浮力作用，如式(4-6)所示：

$$P_{e}=10^{-3}\sum_{cn=1}^{cn}q_{lcn}h_{lcn}K_{f}g \tag{4-6}$$

式中，q_{lcn}为套管的线重，kg/m；cn为套管种类，无因次；h_{lcn}为套管的长度，m；K_f为浮力系数，无因次。

从现场的经验和相关事故来看，密闭环空压力产生以后，套管柱主要面临着挤毁和变形的风险，因此选择套管柱的抗外挤能力和屈服强度进行校核。三轴应力状态下，套管的强度也会随之发生变化，此时抗外挤强度如式(4-7)所示：

$$P_{ca}=P_{co}\left[\sqrt{1-\frac{3}{4}\left(\frac{\sigma_{a}+p_{n}}{Y_{p}}\right)^{2}}-\frac{1}{2}\left(\frac{\sigma_{a}+p_{n}}{Y_{p}}\right)\right] \tag{4-7}$$

式中，P_{ca}为三轴应力作用下的抗外挤强度，MPa；P_{co}为套管设计时的API抗挤压力强度，MPa；Y_p为套管的屈服强度，MPa。

根据Von Mises屈服准则，三轴等效应力如式(4-8)所示：

$$\sigma_{e}=\frac{\sqrt{2}}{2}\sqrt{(\sigma_{a}-\sigma_{t})^{2}+(\sigma_{t}-\sigma_{r})^{2}+(\sigma_{r}-\sigma_{a})^{2}} \tag{4-8}$$

4.1.3 环空带压条件下套管强度校核

当套管两侧同时存在环空时，如果套管内侧环空采取泄压措施，或者不具有密闭环空压力产生条件，即环空压力为零时，此时套管所面临的有效外挤力最大。对于深水油气井来说，A环空的密闭环空压力可以通过井口释放或调节，所以生产套管所面临的挤毁风险最大。当内侧环空的密闭环空压力为零时，套管的内压只有静液柱压力。以第4章第3节中的深水油气井为例，对该井的生产套管进行分析校核。该套管是依据钻井过程中的最大危险载荷设计的，套管柱分为两种规格，其中0~1900m深度的套管强度要小于1900m深度以下的套管强度，因此选择0~1900m深度的套管作为校核对象，相关数据见表4-2。

表 4-2　套管强度校核参数

参数	数值	参数	数值
尺寸/mm	245	套管线重(0~1900m)/(kg/m)	64.74
套管壁厚/mm	11.99	套管线重(1900~4000m)/(kg/m)	79.62
钢级	P110	屈服强度/MPa	790.1
设计安全系数	1.20	钻井液密度/(g/cm^3)	1.10
最小安全系数	1.0	抗外挤强度/MPa	36.5

在校核过程中，按照深度对需要进行强度校核的套管从井口开始分段校核，从而找出危险点。图 4-1 显示的是套管的抗外挤校核安全系数随着环空压力和井筒深度的变化云图。从图 4-1 中可以看出，校核安全系数随着井深的增加而增加，随着密闭环空压力的增加而降低，且随密闭环空压力的变化速度大于随井深变化的速度，说明密闭环空压力的影响大于井深。该图中，安全系数最小值为 0.4763，对应井深为 0m，环空压力为 55MPa。安全系数最大值为 6.0789，对应井深为 1900m，密闭环空压力为 5MPa。可见密闭环空压力对管柱抗外挤强度可靠性的影响是非常显著的。

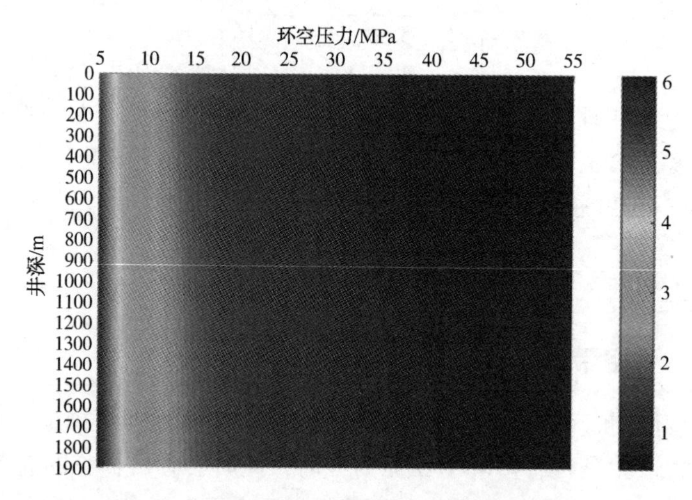

图 4-1　套管的抗外挤校核安全系数变化云图

图 4-2 是根据所建立的指标对套管柱进行的风险评价，其中黑色区域代表安全，深灰色区域代表存在风险，浅灰色区域代表危险。从该图中可以看出，管柱中薄弱点总是出现在井口附近。环空压力的增加加剧了套管的损毁风险，当环空压力较低时，套管处于安全区域。随着环空压力的不断增加，套管随之进入了风险区域。风险区域相对于安全区域较小，因此当环空压力进一步增加时，套管迅速进入了危险区域。此外，随着环空压力的增加，套管的危险区域自上而下扩

大。当环空压力超过 22.5MPa 时，套管柱上的薄弱点开始进入风险区域，超过 26MPa 时，开始进入危险区域。结合定义可知，管柱进入危险区域后就面临着被挤毁的风险，因为此时的套管抗外挤强度已经低于了有效外挤力。

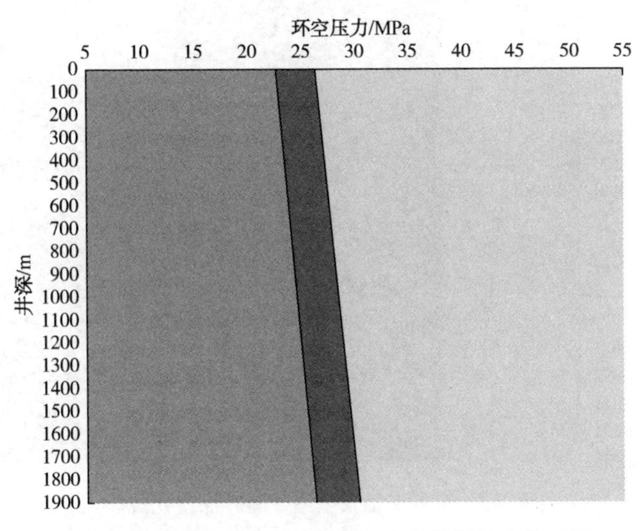

图 4-2　套管安全状态随环空压力和井深的变化云图

研究表明，套管内壁处总是最先达到套管的屈服强度，这是因为套管的最大周向力和径向力总是产生在套管内壁处，因此选择套管内壁作为三轴应力校核的位置，此时最大应力公式如式(4-9)和式(4-10)所示：

$$\sigma_{\mathrm{rmax}} = -p_{\mathrm{n}} \tag{4-9}$$

$$\sigma_{\mathrm{tmax}} = \frac{p_{\mathrm{n}}(r_{\mathrm{i}}^2 + r_{\mathrm{o}}^2)}{r_{\mathrm{o}}^2 - r_{\mathrm{i}}^2} - \frac{2p_{\mathrm{w}} r_{\mathrm{o}}^2}{r_{\mathrm{o}}^2 - r_{\mathrm{i}}^2} \tag{4-10}$$

式中，σ_{rmax}为套管最大径向应力，MPa；σ_{tmax}为套管最大周向应力，MPa。

选择 1.125 作为套管最小三轴安全系数，1.25 作为设计安全系数。图 4-3 是三轴应力校核的结果。同样，黑、深灰和浅灰色分别代表安全、风险和危险区域。从图 4-3 中可以看出，相同环空压力下的三轴安全系数随着井深的增加而增加，这意味着套管屈服破坏的危险点也位于井口附近。当环空压力为 25MPa 和 35MPa 时，校核得到的安全系数在整个井深范围内均大于设计安全系数 1.25，整个管柱位于安全区域。环空压力为 45MPa 时，套管柱大部分位于风险区域，少部分套管位于安全区域，井口附近的管柱已经进入了危险区域。压力为 55MPa 时，整个管柱均位于危险区域。这说明，环空压力的上升会使管柱由上而下逐步从安全状态进入危险状态，产生屈服破坏。

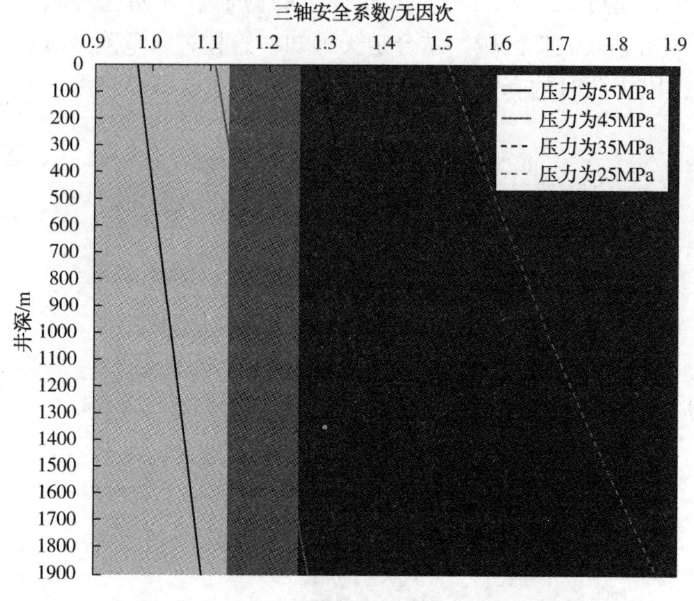

图 4-3 套管三轴安全系数随井深变化规律

4.2 环空带压对水泥环密封完整性的影响

4.2.1 环空压力对水泥环密封完整性的影响

密闭环空压力会破坏水泥环的密封完整性。根据多层厚壁圆筒理论和库仑摩尔准则，密闭环空压力的变化会导致水泥环密封完整性遭到破坏。水泥环失效形式表现为两类：一是微环隙，当密闭环空压力达到一定值时，水泥环会发生不可恢复的塑性变形。密闭环空压力降低以后，水泥环与套管界面会产生拉力，进而胶结强度被破坏，产生微环隙。二是微裂隙，如图 4-4 所示，水泥环在多轮次的井筒内压力变化下产生了径向裂隙。这是因为水泥环所受到的径向应力超过了其抗剪强度。研究表明，低泊松比的水泥材料可以有效维持提高环空带压条件下的水泥环密封完整性。

裂隙的产生与诸多因素相关，较为复杂，适合试验评估。环隙的产生与水泥环-套管界面受力相关，可进行计算分析。如图 4-5 所示，水泥环-套管-地层系统在井筒压力保持平稳时，该体系能够保持完整，各部分之间紧密胶结，从而封堵地层流体。但是当环空压力产生以后，套管内的压力大幅度上升，致使水泥环-套管-围岩系统出现向外扩张的趋势。在向外位移的过程中，水泥环-套管-

实验前

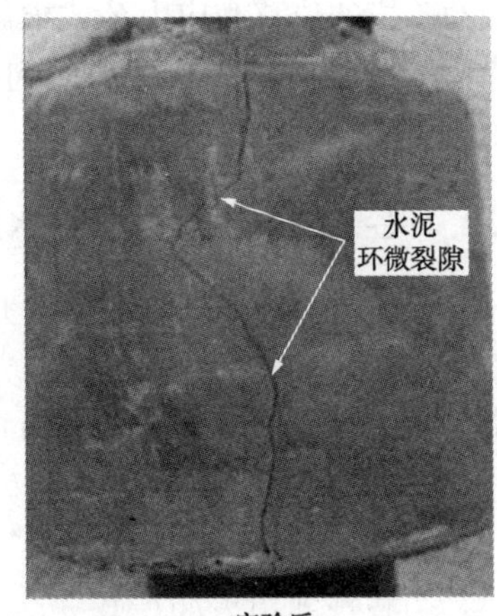

实验后

图 4-4 水泥环微裂隙

围岩作为一个整体，相互之间的位移和应力关系符合连续性法则。当位移达到一定程度时，水泥环就会由弹性变形转入塑性变形，而塑性变形是不可以恢复的。当环空压力发生改变时，套管的径向位移可以随之恢复，而水泥环的塑性位移不能恢复。于是，水泥环与套管的胶结面就会产生拉应力，当应力超过界面的胶结强度后，界面发生分离，水泥环与套管之间出现微环隙，水泥环密封完整性遭到破坏。

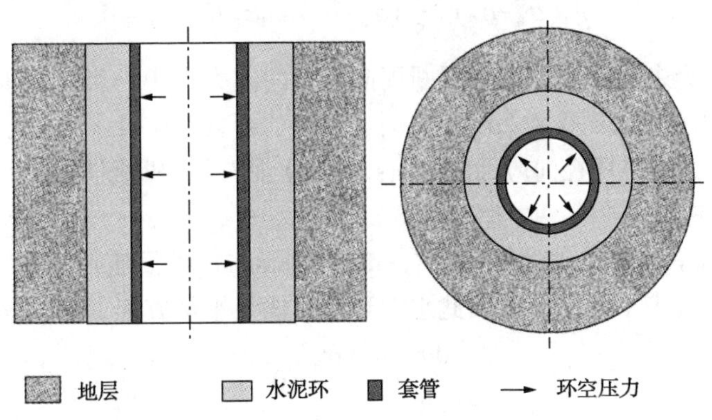

图 4-5 环空压力对套管-水泥环-地层系统的影响

水泥环-套管-围岩系统可视为弹塑性力学中的平面多层组合厚壁筒问题。求解思路可以分为加载和卸载两个阶段，通过求解界面分离以后套管与水泥环之间的位移差值来得到微环隙的大小。在加载阶段，根据位移和应力连续法则，可以得出整个系统的位移和界面应力计算方法，并判断水泥环是否发生了塑性变形。当环空压力减小时，水泥环-套管-地层系统就进入卸载阶段。在卸载阶段，可以根据加载阶段的位移和应力公式求解出水泥环-套管界面的拉应力，并比较拉应力与界面胶结强度的大小，从而判断界面是否发生分离，当界面产生分离时，对产生的微环隙大小进行计算。

4.2.2 环空压力上升阶段的水泥环受力分析

水泥环所承受的外载会随着环空压力的上升而增加，此时水泥环可被认为处于加载阶段。在加载阶段，套管可以视为弹性厚壁筒，外界面位移分布可由弹性厚壁筒的位移公式直接给出，如式(4-11)所示：

$$u_{so}=\frac{1+\mu_1}{E_1}\left[\frac{2(1-\mu_1)r_1r_i^2}{(r_1^2-r_i^2)}P_i-\frac{r_1r_i^2P_1+(1-2\mu_1)r_i^3}{(r_1^2-r_i^2)}P_1\right] \tag{4-11}$$

式中，u_{so}为套管外边界的位移，μm；μ_1为套管的泊松比，无因次；E_1为套管弹性模量，GPa；r_1为套管外半径，mm；r_i为套管内半径，mm；P_i为套管内的密闭环空压力，MPa；P_1为水泥环-套管界面接触力，MPa。

随着环空压力上升，整个体系的径向位移也随之增加，当水泥环内壁处的压力超过水泥环的屈服强度时，水泥环的内壁处将会发生塑性变形，若环空压力继续增加，水泥环中的塑性变形区域将继续向外扩大。因此在加载阶段可将水泥环分为塑性变形区和弹性变形区。水泥环符合 Mohr-Coulomb 屈服准则，如式(4-12)所示：

$$\frac{1}{2}A_1(\sigma_\theta-\sigma_r)+\frac{1}{2}(\sigma_\theta+\sigma_r)\sin\varphi-C_1\cos\varphi=0 \tag{4-12}$$

式中，A_1为中间参数，用来判断周向和径向应力大小，当套管水泥环塑性区内边界受力大于外边界受力($\sigma_\theta>\sigma_r$)时，$A=1$，反之$A=-1$；σ_θ为水泥环周向应力，MPa；σ_r为水泥环径向应力，MPa；φ 为水泥石的内摩擦角，(°)；C_1为水泥石内聚力，MPa。

由于水泥环为平面轴对称且符合 Mohr-Coulomb 屈服准则的单一材料环体，位移过程可以视为平面变形，因此水泥环应力满足平衡方程，如式(4-13)所示：

$$\frac{d\sigma_r}{dr}+\frac{\sigma_r-\sigma_\theta}{r}=0 \tag{4-13}$$

联立式(4-11)和式(4-12)，求解可得水泥环塑性变形区的应力表达式，如式(4-14)所示：

$$\begin{aligned}\sigma_r&=C_1\cot\varphi\left[1-\left(1+\frac{P_1}{C_1\cot\varphi}\right)\left(\frac{r}{r_1}\right)^{B-1}\right]\\ \sigma_\theta&=C_1\cot\varphi\left[1-B\left(1+\frac{P_1}{C_1\cot\varphi}\right)\left(\frac{r}{r_1}\right)^{B-1}\right]\end{aligned} \tag{4-14}$$

式中，B 为与主应力大小相关的中间参数，如式(4-15)所示：

$$B=\frac{A_1-\sin\varphi}{A_1+\sin\varphi} \tag{4-15}$$

水泥环在塑性区属于非关联流动，应变可认为等于零，根据体积弹性定律可得：

$$\varepsilon_r+\varepsilon_\theta=\frac{(1+\mu_{zh})(1-2\mu_{zh})}{E_{zh}}(\sigma_\theta+\sigma_r) \tag{4-16}$$

式中，ε_r为水泥环-套管-地层组合体某部分的径向应变，无因次；ε_θ为水泥环-套管-地层组合体某部分的周向应变，无因次；μ_{zh}为组合体某部分的泊松比，无因次；E_{zh}为组合体某部分的弹性模量，GPa。

根据应力和应变几何方程，水泥环塑性区域满足式(4-17)：

$$\begin{cases}\varepsilon_r=\dfrac{\mathrm{d}u}{\mathrm{d}r}\\ \varepsilon_\theta=\dfrac{u}{r}\end{cases} \tag{4-17}$$

联立式(4-13)、式(4-14)、式(4-16)和式(4-17)可求得如式(4-18)所示的水泥环塑性区的位移公式：

$$u_{cp}=\frac{(1+\mu_2)(1-2\mu_2)C_1\cot\varphi}{E_2}\left[1-\left(1+\frac{P_1}{C_1\cot\varphi}\right)\left(\frac{r}{r_1}\right)^{B-1}\right]r+\frac{K}{r} \tag{4-18}$$

式中，u_{cp}为水泥环塑性区位移，μm；μ_2为水泥环的泊松比，无因次；E_2为水泥环的弹性模量，GPa；K 为未知的积分常量。

塑性区内边界与套管的外径相当，即 $r=r_1$，由式(4-18)可以求得塑性区内边界的位移，如式(4-19)所示：

$$u_{cpi}=\frac{(1+\mu_2)(1-2\mu_2)}{E_2}P_1r_1+\frac{K}{r_1} \tag{4-19}$$

式中，u_{cpi}为水泥环塑性区内边界位移，μm。

塑性区外边界 $r=r_p$，可得如式(4-20)所示的外边界位移公式：

$$u_{cpo}=\frac{(1+\mu_2)(1-2\mu_2)C_1\cot\varphi}{E_2}\left[1-\left(1+\frac{P_1}{C_1\cot\varphi}\right)\left(\frac{r_p}{r_1}\right)^{B-1}\right]r_p+\frac{K}{r_p} \tag{4-20}$$

式中，u_{cpo}为水泥环塑性区外边界位移，μm；r_p为水泥环的弹塑性边界半径，mm。

水泥环的弹性区与套管的性质相同，可视为弹性厚壁筒。在水泥环弹性区内边界，$r=r_p$，此时水泥环的应力如式(4-21)和式(4-22)所示：

$$\sigma_r=\frac{r_2^2(P_2-P_P)}{r_2^2-r_p^2}+\frac{r_p^2P_P-r_2^2P_2}{r_2^2-r_p^2} \tag{4-21}$$

$$\sigma_{\theta}=-\frac{r_2^2(P_2-P_{\mathrm{P}})}{r_2^2-r_{\mathrm{p}}^2}+\frac{r_{\mathrm{p}}^2P_P-r_2^2P_2}{r_2^2-r_{\mathrm{p}}^2} \tag{4-22}$$

式中，P_{p}为水泥环塑性边界压力，MPa；P_2 为水泥环与地层之间的接触力，MPa；r_2 为水泥环外半径，mm。

其中，水泥环弹性区与塑性区的界面接触力可以根据式(4-13)和式(4-14)求得。在边界上，半径 $r=r_{\mathrm{p}}$，$\sigma_{\mathrm{r}}=-P_{\mathrm{p}}$，代入式(4-13)和式(4-14)后可得如式(4-23)所示的界面接触力：

$$P_{\mathrm{p}}=C_1\cot\varphi\left[\left(1+\frac{P_1}{C_1\cot\varphi}\right)\left(\frac{r_{\mathrm{p}}}{r_1}\right)^{B-1}-1\right] \tag{4-23}$$

因为 $r=r_{\mathrm{p}}$同时为水泥环塑性区的外边界，因此也满足摩尔库仑屈服准则。将式(4-11)和式(4-12)联立，并把弹性区与塑性区的边界接触力代入，可得如式(4-24)所示的水泥环与地层之间的接触力：

$$P_2=\frac{(A_1r_2^2+r_{\mathrm{p}}^2\sin\varphi)P_{\mathrm{P}}-(r_2^2-r_{\mathrm{p}}^2)C_1\cos\varphi}{r_2^2(A_1+\sin\varphi)} \tag{4-24}$$

在弹性区内外压力均已知的情况下，由弹性厚壁筒的相关公式可求出水泥环弹性区内外界面位移，如式(4-25)和式(4-26)所示：

$$u_{\mathrm{cei}}=\frac{1+\mu_2}{E_2}\left[\frac{r_{\mathrm{p}}^2r_2+(1-2\mu_2)r_{\mathrm{p}}^3}{r_{\mathrm{p}}^2-r_2^2}P_{\mathrm{P}}-\frac{2(1-\mu_2)r_{\mathrm{p}}r_2^2}{r_{\mathrm{p}}^2-r_2^2}P_2\right] \tag{4-25}$$

$$u_{\mathrm{ceo}}=\frac{1+\mu_2}{E_2}\left[\frac{2(1-\mu_2)r_{\mathrm{p}}^2r_2}{r_2^2-r_{\mathrm{p}}^2}P_{\mathrm{P}}-\frac{r_{\mathrm{p}}^2r_2+(1-2\mu_2)r_2^3}{r_2^2-r_{\mathrm{p}}^2}P_2\right] \tag{4-26}$$

式中，u_{cei}为水泥环弹性区内边界位移，μm；u_{ceo}为水泥环弹性区外边界位移，μm。

地层的尺寸远大于井筒，因此相对于井筒而言，地层可视为无限大区域，作为理想厚壁来求取水泥环与地层的边界位移，如式(4-27)所示：

$$u_{\mathrm{fi}}=\frac{1+\mu_3}{E_3}\left[\frac{r_2^2r_{\mathrm{o}}+(1-2\mu_3)r_2^3}{r_{\mathrm{o}}^2-r_2^2}P_2-\frac{2(1-\mu_3)r_2r_{\mathrm{o}}^2}{r_{\mathrm{o}}^2-r_2^2}P_{\mathrm{o}}\right] \tag{4-27}$$

式中，u_{fi}为水泥环与地层边界位移，μm；μ_3为地层围岩泊松比，无因次；E_3为地层围岩弹性模量，GPa；r_{o}为围岩外半径，mm；P_{o}为围岩近井地带外边界压力，MPa。

水泥环发生塑性变形后，塑性变形区域的内边界与套管外侧仍然紧密接触，塑性区的外边界与水泥环弹性区相接触，水泥环弹性区与地层接触，每个接触面上的应力均符合一致性原则，位移符合连续性法则。因此，可联立如式(4-28)所示的加载阶段的组合体的位移方程组。已知套管内的密闭环空压力数值，初始状态下认为水泥环与套管界面的应力为零，该方程组与式(4-13)和式(4-14)联立就可以得到相关未知量和界面接触力(p_1、p_2、p_p、r_p、K)，进而根据相应的公式求得应力和位移表达式。

$$\begin{cases} u_{so}=u_{cpi} \\ u_{cpo}=u_{cei} \\ u_{ceo}=u_{fi} \end{cases} \tag{4-28}$$

4.2.3 环空压力下降水泥环-套管界面受力分析

当密闭环空压力达到最大值 P_{im}后，随着生产参数的调整，逐步下降到最小值 P_{in}。此时水泥环-套管-地层系统进入卸载阶段。卸载阶段的压力变化范围为 $P_{im}\sim P_{in}$。卸载阶段的应力和位移可利用建立的加载阶段模型进行求解。需要根据已知的卸载压力变化范围和参数求解出相应的水泥环内外界面接触力 P_{1n}、P_{2n}，然后与水泥环界面的胶结强度进行比较，判断界面是否脱离。卸载阶段，套管和围岩仍然可以作为弹性厚壁筒，当套管内的密闭环空压力达到最小值 P_{in}时，根据加载阶段给出的位移边界公式，可知套管外边界与围岩内边界的位移如式(4-29)和式(4-30)所示：

$$u_{son}=\frac{1+\mu_1}{E_1}\left[\frac{2(1-\mu_1)r_1r_i^2}{r_1^2-r_i^2}P_{in}-\frac{r_1r_i^2P_1+(1-2\mu_1)r_i^3}{r_1^2-r_i^2}P_{1n}\right] \tag{4-29}$$

$$u_{fin}=\frac{1+\mu_3}{E_3}\left[\frac{r_2^2r_o+(1-2\mu_3)r_2^3}{r_o^2-r_2^2}P_{2n}-\frac{2(1-\mu_3)r_2r_o^2}{r_o^2-r_2^2}P_o\right] \tag{4-30}$$

式中，u_{son}为套管外边界卸载完成后的位移，μm；P_{in}为卸载阶段套管内密闭环空压力最小值，MPa；P_{1n}为水泥环与套管接触面在卸载完成后的受力，MPa；u_{fin}为水泥环与地层边界卸载阶段的位移，μm；P_{2n}为水泥环与地层接触面在卸载完成后的受力，MPa。

根据弹塑性力学相关知识可知，塑性水泥环在卸载过程中的应变与应力关系仍然是线性的，并且变化趋势与弹性阶段的基本相同。因此，当水泥环所承受的内外压力从环空压力最大值变为最小值时，水泥环的内边界也会随之产生移动，此时位移变化量可用式(4-25)求得。综上所述，卸载完成的水泥环内边界位移等于残余塑性形变与卸载后内壁的形变量之和，残余塑性形变可由式(4-19)求得，最终可得如式(4-31)所示的卸载完成后的水泥环内边界位移：

$$u_{cin}=u_{cpim}+\frac{1+\mu_2}{E_2}\left[\frac{r_1^2r_2+(1-2\mu_2)r_1^3}{r_2^2-r_1^2}(P_{1n}-P_{1m})-\frac{2(1-\mu_2)r_1r_2^2}{r_2^2-r_1^2}(P_{2n}-P_{2m})\right] \tag{4-31}$$

式中，u_{cin}为水泥环内边界卸载完成后的位移，μm；u_{cpim}为水泥环内边界在加载完成后的位移，μm；P_{1m}为环空压力达到最大值时，水泥环-套管界面所承受的力，MPa；P_{2m}为环空压力达到最大值时，水泥环-地层界面所承受的力，MPa。

同理卸载后水泥环与地层界面位移如式(4-32)所示：

$$u_{con}=u_{ceom}+\frac{1+\mu_2}{E_2}\left[\frac{2(1-\mu_2)r_1^2r_2}{r_2^2-r_1^2}(P_{1n}-P_{1m})-\frac{r_1^2r_2+(1-2\mu_2)r_2^3}{r_2^2-r_1^2}(P_{2n}-P_{2m})\right] \tag{4-32}$$

式中，u_{con}为水泥环外边界卸载完成后的位移，μm；u_{ceom}为水泥环外边界在加载完成后的位移，μm，可由式(4-26)求取。

假设水泥环与地层和套管界面的胶结强度足够大，能够保证各界面在卸载过程中不会发生脱离，根据水泥环内外界面的位移连续性原则可得如式(4-33)所示的方程组。把式(4-29)~式(4-32)代入式(4-33)中即可求得水泥环与地层和套管界面在卸载完成后的受力情况。然后判断界面拉应力与界面胶结强度的关系。若界面胶结强度小于计算得到的界面拉力，则该界面产生脱离，即产生微环隙；反之，则不会产生微环隙。

$$\begin{cases}u_{son}=u_{cin}\\u_{con}=u_{fin}\end{cases} \tag{4-33}$$

一般来说，水泥环与套管界面要比水泥环与地层界面先发生脱离，因此选择水泥环与套管界面计算分析微环隙的生成情况。界面发生脱离后，水泥环和套管的界面不再符合位移连续性和应力一致性法则，水泥环的内边界和套管的外边界各自发生独立的位移，此时微环隙等于水泥环内边界与套管外边界的位移差，如式(4-34)所示：

$$d_n=u_{cind}-u_{sond} \tag{4-34}$$

式中，d_n为水泥环与套管界面分离后产生的微环隙大小，μm；u_{cind}为界面脱离后水泥环内边界的位移，μm；u_{sond}为界面脱离后套管外边界的位移，μm。

套管外壁与水泥环脱离，因此水泥环内壁和套管外壁所受到的压力为零，根据式(4-29)可求得套管外边界的位移，如式(4-35)所示：

$$u_{sond}=\frac{1+\mu_1}{E_1}\frac{2(1-\mu_1)r_i^2r_1}{r_1^2-r_i^2} \tag{4-35}$$

水泥环内边界的位移表达式如式(4-36)所示：

$$u_{cind}=u_{cpim}-\frac{1+\mu_2}{E_2}\left[\frac{r_1^2r_2+(1-2\mu_2)r_1^3}{r_2^2-r_1^2}P_{1m}+\frac{2(1-\mu_2)r_1r_2^2}{r_2^2-r_1^2}(P_{2n}-P_{2m})\right] \tag{4-36}$$

4.3 环空压力对水泥环密封完整性的影响规律分析

4.3.1 水泥环-套管界面密封完整性分析

以第 3 章中的某深水油气井为例分析密闭环空压力对水泥环密封完整性的影响。在实际生产过程中，A 环空的密闭环空压力可以通过井口装置调节，因此 A 环空中的密闭环空压力不仅可以随着生产参数的变化而变化，还可以通过施工作业调节。因此选定 A 环空中的套管-水泥环作为分析对象。相关计算参数见表 4-3。

表 4-3 算例基础数据

参数	数值	参数	数值
套管半径/mm	122.5	地层泊松比	0.3
套管壁厚/mm	13.84	套管泊松比	0.3
水泥环外半径/mm	150	水泥环内摩擦角/(°)	30
套管弹性模量/GPa	210	水泥环内聚力/MPa	5.77
水泥环弹性模量/GPa	10.8	水泥环界面胶结强度/MPa	0.2
地层弹性模量/GPa	15.8	水泥环泊松比	0.25
环空压力最小值/MPa	0		

图 4-6 的环空压力波动范围为 0~50MPa。可见，在 0~22MPa 范围内，水泥环塑性边界与水泥环内边界相等，这意味着水泥环未发生塑性变形，因此所对应的微环隙为零。在 22~30MPa 范围内，水泥环逐渐出现塑性变形，水泥环的塑性半径随着压力波动范围的增加向外扩展，但是此时水泥环与套管界面仍然保持完整，这是因为界面上的拉应力并未超过界面胶结强度。在 30~35MPa 范围内，水泥环与套管之间开始出现微环隙，微环隙和塑性半径均随着压力的增加而增加。当压力波动超过 35MPa 后，整个水泥环进入塑性状态，因此水泥环塑性边界等于水泥环外边界，并且不再变化。但是，水泥环与套管之间的环隙仍然随着压力的增加而增加。这表明，当密闭环空压力波动到一定值时，水泥环塑性变形随着压力的增加而增加，直到水泥环完全进入塑性状态。与此同时，当塑性变形量达到一定值时，水泥环与套管之间出现微环隙，并且随压力增加而上升。

4.3.2 不同因素对界面环隙的影响规律

图 4-7 是弹性模量对水泥环密封完整性的影响。可见，在不同压力条件下，

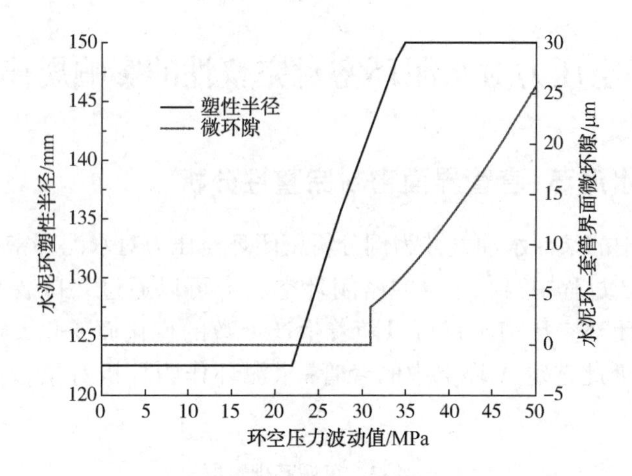

图 4-6　塑性半径及微环隙随环空压力变化规律

水泥环与套管之间的微环隙随着弹性模量的增加而增加。并且，随着弹性模量的增加，原本可以保持密封完整性的水泥环-套管界面也开始出现环隙，以 25MPa 条件下的曲线为例，在图 4-7 中，当弹性模量小于 10.8MPa 时，25MPa 所对应的环隙大小为零。然而当弹性模量大于 10.8MPa 以后，环隙开始出现并逐渐增加。这是因为弹性模量表征了材料产生弹性变形难易的程度。弹性模量越大，表明水泥环发生弹性变形所需要加载的应力也越大，也就是说材料刚度越大，即在一定应力作用下，发生弹性变形越小，水泥环越容易进入塑性变形，所残留的塑性位移增加，卸载阶段的弹性变形减小。

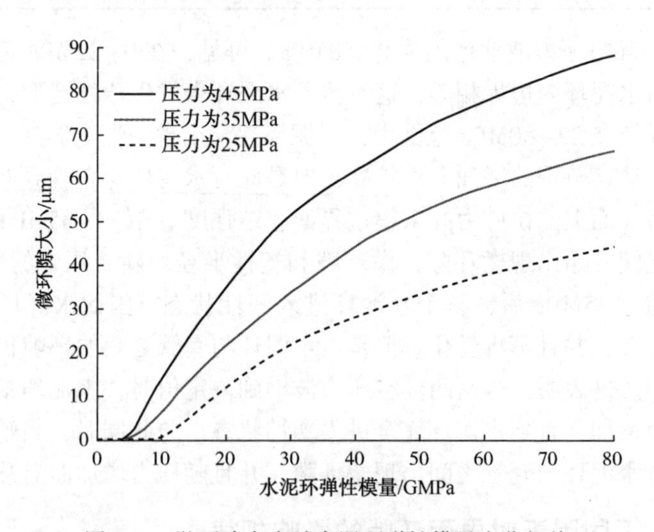

图 4-7　微环隙大小随水泥环弹性模量变化规律

水泥环泊松比的影响如图 4-8 所示。根据曲线形态可知，微环隙大小随着水泥环泊松比的增加而降低，当水泥环泊松比增加到一定数值时，微环隙便不再出现。同时，压力变化越大，保持微环隙为零所需的水泥环泊松比也就越大。压力变化值为 45MPa 时，水泥环泊松比大于 0.45 微环隙便不再出现。而当压力变化值为 30MPa 时，保持微环隙为零的最小泊松比仅为 0.24。这是因为，泊松比是横向正应变与轴向正应变的绝对值的比值，表征了材料横向变形的弹性常数。因此，泊松比越大，相同压力条件下，水泥环所出现的塑性变形也就越小，进而降低水泥环与套管界面的微环隙大小。

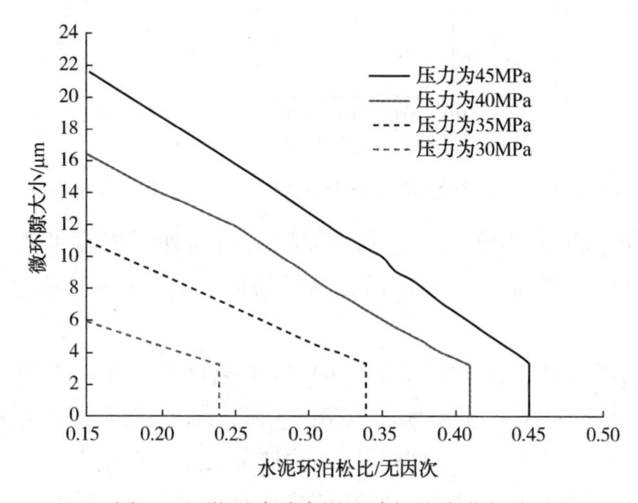

图 4-8 微环隙随水泥环泊松比变化规律

界面胶结强度的影响如图 4-9 所示，图中曲线呈现阶梯状，环隙大小不随界面胶结强度改变而变化，变化的是环隙的出现与否。当压力为 45MPa 时，只要界面胶结强度大于 1.15MPa，此时水泥环与套管界面不发生分离，微环隙尺寸为零。这表明，较高的界面胶结强度可以承受更大的压力波动，从而保证水泥环的密封完整性。研究表明，套管粘沙可以大幅度提高水泥环-套管界面的胶结强度。

4.3.3 环空温压交变对水泥环本体密封性的影响

井筒的生产制度调整、环空泄压等均会造成环空温度和压力的周期性变化，从而影响水泥环的结构，进而影响其密封完整性，例如储气库注采井筒。如图 4-10 所示，该装置分为上盖板、下盖板、套管上堵头、套管下堵头、内压进出气孔、第一界面验窜管线、第二界面验窜管线、夹持器以及 70MPa、250℃高温高压釜等。实验前，拆解套管/水泥环/地层密封完整性评价装置，将验窜管线插入，并将钢丝插入验窜管线防止管线被水泥浆堵塞，配制足够量(>600mL)的水

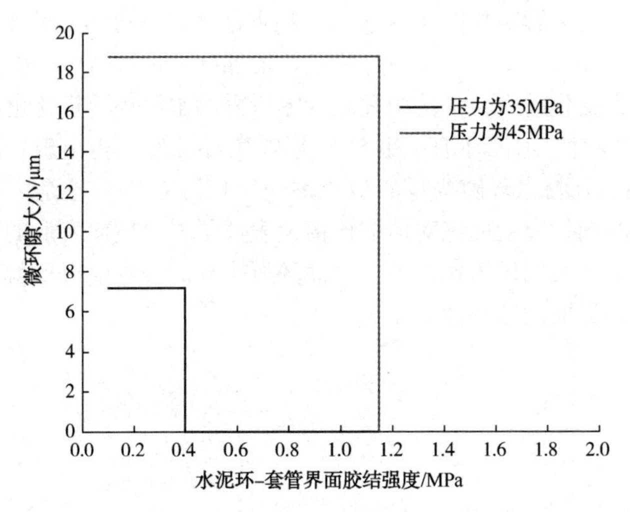

图 4-9 微环隙大小随水泥环-套管界面胶结强度变化规律

泥浆体系并连续、平稳地灌入，直到水泥浆液面与外层岩石平齐。连接验窜管线，逐个检测验窜管线是否发生窜漏，从而检测套管-水泥环-地层组合体的密封完整性。

套管-水泥环-地层组合体在围压 70MPa 的条件下，在室温室压下开始加温加压，待温度到达 180℃、压力到达 20MPa 后，开始降温降压直至室温室压。照此步骤经历 6 个交变温度、压力循环周，验证温度压力变化对水泥环密封完整性的影响。为进一步观察和了解样品内部结构特征，对样品进行了高分辨率 CT 扫描测试，测试电压 200kV，电流 300μA，分辨率 68. 15μm，得到样品内部水泥环的三维结构数据体并进行三维展示，利用灰度差异提取内部不同物质进行三维渲染，如图 4-11 所示。

装置实物图

装置拆解图

连接验窜管线

图 4-10 试验过程示意图

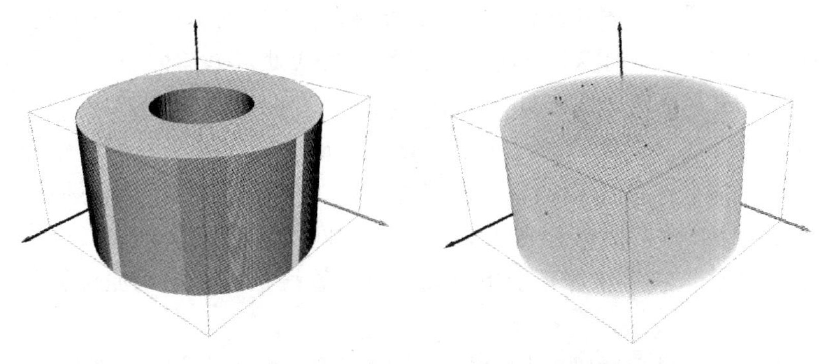

图 4-11 交变温压条件水泥环组合体三维渲染图

如图 4-11 所示，该组合体表面及内部无大尺寸裂纹，与未经历交变温度压力条件的水泥环组合体具有相似结构特征，但孔隙及孔喉尺寸和数量有所增加。对水泥环套管-水泥环-地层组合体样品 *XY* 方向、*YZ* 方向和 *XZ* 方向进行全方位扫描，如图 4-12 所示。*XY* 方向：交变温压水泥环组合体 *XY* 方向切片观察发现，固井Ⅰ界面和固井Ⅱ界面清晰连续，界面处没有明显的间隙或者缝隙；横向切片显示局部存在微裂纹，这些裂纹呈现尺寸小、贯穿型等特点，均为径向裂纹，裂

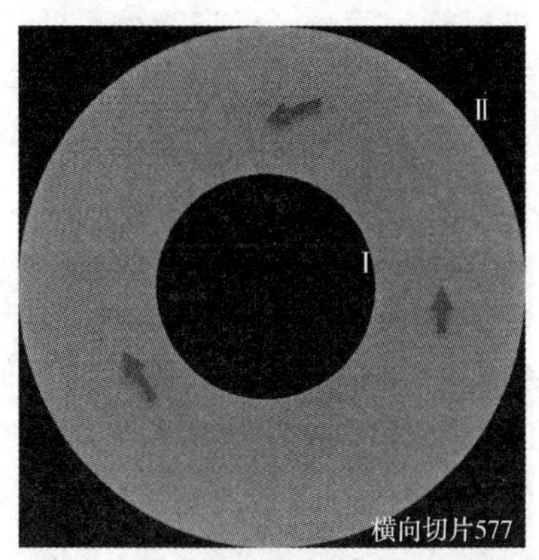

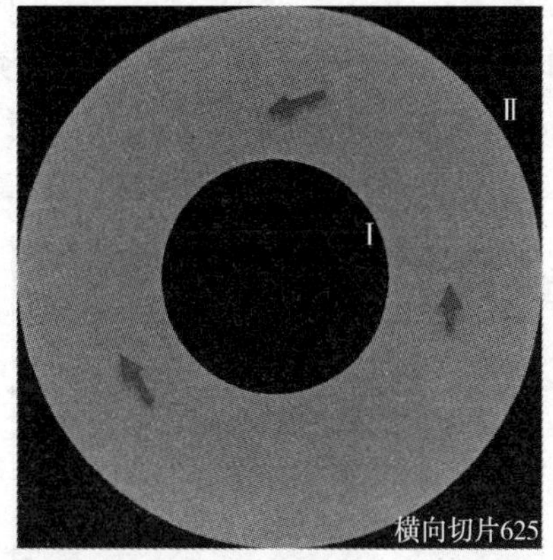

(a)交变温压条件水泥环组合体*XY*方向CT扫描切片图

(b)交变温压条件水泥环组合体*YZ*方向CT扫描切片图

图 4-12 交变温度环境水泥环组合体微观结构扫描切片图

纹扩展由固井Ⅰ界面向固井Ⅱ界面扩展；水泥环 *XY* 方向上部六个验窜管线清晰可见，界面平整，水泥环 *XY* 方向下部无验窜管线处未见周向裂纹和径向裂纹，固井Ⅰ界面和Ⅱ界面清晰，未见气泡或其他缺陷。*YZ* 方向：对水泥环组合体 *YZ* 方向切片分析发现，套管与水泥环之间胶结所形成的固井Ⅰ界面、水泥环与天然砂岩地层之间胶结所形成的固井Ⅱ界面清晰、连续，界面处未见明显间隙或缝隙，水泥环 *YZ* 方向同样存在微裂纹，裂纹同样呈现宽度小、长度大、贯穿型等特点，裂纹扩展沿水泥环上下方向，验窜管线根部、与水泥接触部位均未见明显缺陷。

分别对水泥环进行微观结构分析、孔隙提取和孔喉分析。如图 4-13 所示，固井Ⅱ界面局部存在裂缝，裂缝产生原因在于套管膨胀产生位移，因此位移造成水泥环产生周向裂纹，同时挤压外层岩石并致其开裂，形成大尺寸裂纹，同时在该裂缝对应的固井Ⅱ界面处产生间隙，但未发生剥离。通过水泥环进行孔隙提取，如图 4-14 阴影区域所示，周向孔隙清晰、连续，呈大量贯穿型孔隙，这也正是验窜过程中，无法憋压，大量气泡冒出的实质性原因。通过阈值分割对水泥环孔隙进行提取，计算该水泥环孔隙所占总体积百分比(即孔隙率)达到 2.31%。对所提取的孔隙进行标记，同时对孔隙进行标记筛分，标记筛分后的结果如图 4-15和 4-16 所示。进一步统计孔隙结构与孔隙特征可知，存在长度大于 30.6mm 的裂缝，处于 100~200μm 尺寸范围的孔隙数量最多；孔隙体积分数方面，大约 3000μm 的孔隙所占据的比例最大，为 40.19%。

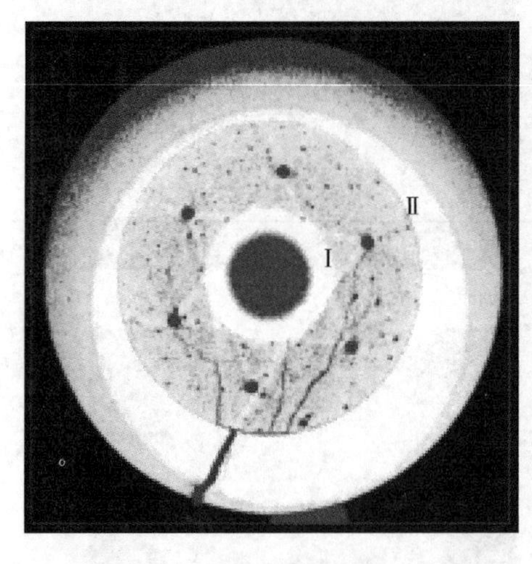

图 4-13　水泥环界面特征(一)

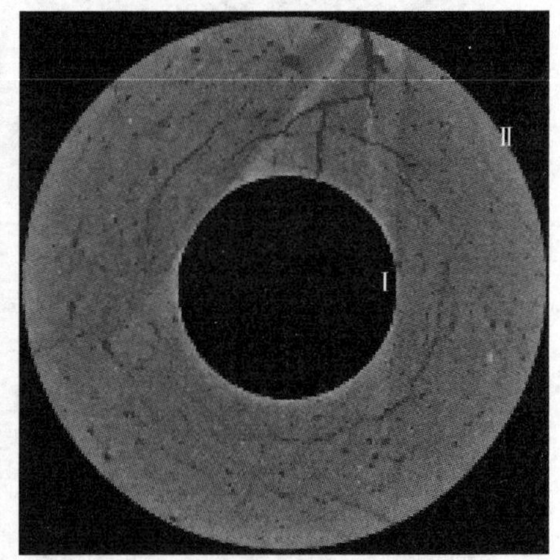

图 4-14　水泥环界面特征(二)

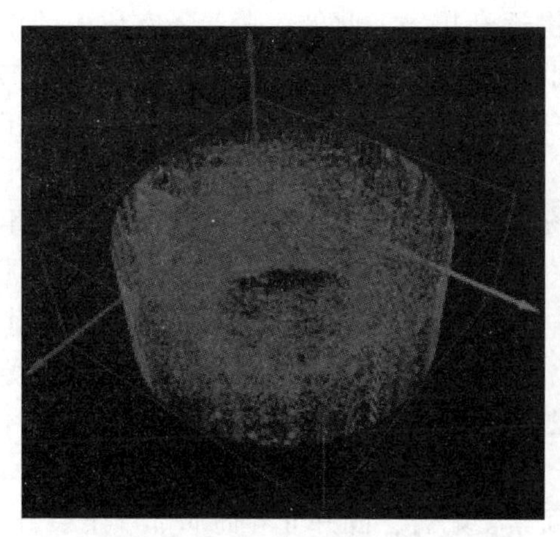

图 4-15　水泥环孔隙结构三维图

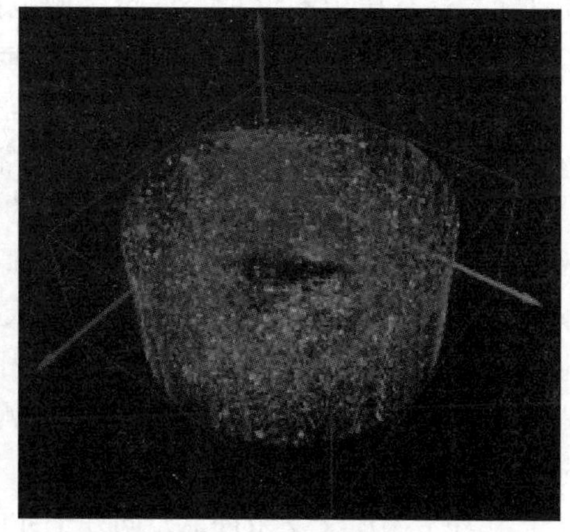

图 4-16　水泥环孔隙特征分析

如表 4-4 所示，对孔隙进行球棒模型分析，通过对孔喉结构的分析了解孔隙的连通性。经测试发现，该水泥环的最大孔隙半径为 1.35mm。通过阈值分割对研究区的孔隙进行了提取，并对其进行了孔隙率计算，计算出其孔隙率为 2.31%，并进行三维展示。*X* 方向和 *Y* 方向无连通孔隙，*Z* 方向的孔隙连通，且 *Z* 方向连通孔隙占研究区总孔隙体积的百分比为 30.82%。对研究区进行了 *Z* 轴方向的逐层面孔隙率分析，了解了孔隙在 *Z* 轴方向上的分布特征。

表 4-4　水泥环孔隙参数

最大孔隙半径/μm	1351.42	平均孔喉比	0.913471
平均孔隙半径/μm	221.807	最大孔隙体积/mm^3	23.792
最大喉道半径/μm	391.926	平均孔隙体积/mm^3	0.514136
平均喉道半径/μm	113.691	最大喉道体积/mm^3	4.62369
最大喉道长度/μm	2844.54	平均喉道体积/mm^3	0.139696
平均喉道长度/μm	624.607	最大配位数	14
最大孔喉比	35.3998	平均配位数	1

4.4　本章小结

① 套管的强度是依据钻完井过程中的危险载荷设计的，因此环空压力会威胁套管的强度可靠性，主要的损毁形式为挤毁和变形。以安全系数作为指标，把管柱状态分为安全、风险和危险区域。结果表明，套管管柱的挤毁薄弱点和屈服薄弱点出现在井口附近。随着环空压力的不断增加，套管随之进入了风险区域，

并且随着环空压力的增加，危险区域范围逐渐扩大。此外，随着环空压力的增加，套管的危险区域自上而下扩大。相同环空压力下的三轴安全系数随着井身的增加而增加，环空压力的增加使管柱的三轴安全系数降低，使管柱由上而下逐步从安全状态进入危险状态，产生屈服破坏。

② 环空压力的波动会引起水泥环的塑性变形，导致水泥环与套管界面产生微环隙。根据位移连续性和应力一致性原则，建立了环空压力波动条件下的水泥环-套管界面环隙计算方法。微环隙的尺寸随着压力波动值的增加而增加，较小的水泥环弹性模量和较高的水泥环泊松比有利于缩小相同压力波动值下的微环隙尺寸。提高界面胶结强度，可以增强水泥环-套管界面的承压能力，保持水泥环的密封完整性。

③ 环空温压交变条件下，固井Ⅰ界面紧密贴合，固井Ⅱ界面局部产生裂缝。与此同时，该裂缝所对应位置固井Ⅱ界面产生了间隙。通过水泥环进行孔隙提取，可知周向孔隙清晰、连续，呈大量贯穿型孔隙，该水泥环中存在长度大于30.6mm的裂缝，孔隙等效直径为100~200μm的孔隙数量最多，孔隙等效直径大于3000μm的孔隙体积占总孔隙的体积百分比最大，为40.19%。

第5章　环空隔热与套管泄压控压措施优化设计

密闭环空压力会破坏油气井筒的完整性，因此有必要采取防止措施，避免发生恶性事故。根据密闭环空压力的产生机理和条件，可以通过消除密闭环空来控制密闭环空压力，或提高套管的钢级壁厚。首先，消除密闭环空需要进行全井段固井，但全井段固井有可能难度较大，尤其是在深水油气井中存在固住水下防喷器的风险。其次，固井漏失的可能性非常大，即便是水泥浆的附加量非常充足，上部环空也会因为水泥浆漏失而没有被封固。第三，由于井径不规则等因素，水泥环会产生缺失，仍然会形成密闭空间。而且提升套管的钢级壁厚会大幅增加完井成本。综上所述，全井段固井和提高套管的钢级壁厚并不是密闭环空压力调控的首选措施。本章分析比较了不同因素对密闭环空压力的调控能力，按照作用机理归纳总结了相关的调控措施，并对典型调控措施的关键参数和设计方法进行了研究。

5.1　热膨胀环空起压调控机制分析

5.1.1　密闭环空压力控制措施归类分析

因素敏感性分析显示环空饱和度、环空液体导热系数和环空液体压缩系数具有较强的调控能力。环空饱和度是通过容纳释放热膨胀液体来调控环空压力的。注入环空隔热液体的实质是控制油气井温度的上升速度。而较高的等温压缩系数意味着液体具有高压缩性，从而降低环空液体升高单位温度所产生的密闭环空压力。目前绝大部分的措施可以归类为释放或容纳膨胀液体、降低环空温度、改善环空液体压缩性。

如图5-1所示，基于影响因素对密闭环空压力调控措施进行分类，可分为控制环空温度、释放环空热膨胀液体和提高环空液体压缩性三类。其中，控制环空液体温度可通过环空隔热液体或隔热油管/套管实现。释放环空热膨胀液体的措施包括破裂盘、水泥返高到上层套管鞋以下、射孔和可牺牲套管，这类措施破坏了环空的密闭性，从而控制密闭环空压力。中空微球、复合可压缩泡沫和预置泄压空间等措施是在一定的温度或压力条件下，通过自身的体积变化来容纳热膨胀的环空液体，达到控压的目的。由于氮气和氮气泡沫的压缩性明显优于液体，因此环空注氮可改善环空内流体的分布，并提高环空内流体的压缩性。

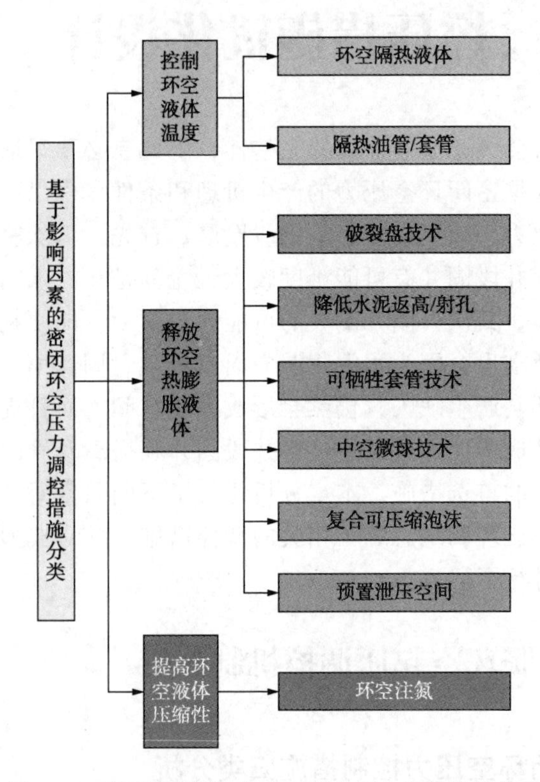

图 5-1　基于影响因素的密闭环空压力调控措施分类

依据调控的时机，调控措施可分为两类：一是主动调控，破坏或者削弱密闭环空压力的产生条件；二是被动调控，环空压力产生后通过相应措施来降低压力或潜在的风险。由于不同措施的作用机理不同，因此相关措施在施工作业难度、经济成本、调控可靠性和应用范围等方面存在显著的差异。表 5-1 对现有的各类措施进行了对比和分析。按照调控时机，全井段固井、隔热管材和环空隔热液体属于主动措施。被动调控措施的类型较多，涵盖了提高套管强度、破裂盘、优化水泥返高、可牺牲泄压套管、中空微球、复合可压缩泡沫、预置泄压空间和环空注氮等。其中，隔热油管/套管和环空隔热液体、降低水泥返高与可牺牲套管、中空微球与复合可压缩泡沫的作用方式基本相同。

表 5-1　密闭环空压力调控措施对比与分析

类型	工程措施	作用方式	应用条件/关键参数	应用情况	成本	难度	可靠性
主动调控	隔热油管/套管	增加井筒径向导热热阻，减缓环空升温速度	成本高，其他措施不具备应用条件时选用； 关键参数：下入深度、隔热性能和管柱强度；	开展了室内试验，在巴西（Petrobras）和墨西哥湾（BP）Marlin项目；	高	低	高
	环空隔热液体		成本适中、产品成熟，注入位置为油套环空，需要专用注入设备； 关键参数：流变性、稳定性和隔热参数	开展了完善的室内研究，广泛应用于墨西哥湾地区的深水油气井	中	低	高
被动调控	破裂盘	形成泄压通道，平衡套管两侧压差	成本低，安装于套管短节中； 关键参数：破裂压力、布置方式和可靠性	已经完成室内试验，在墨西哥湾区域、西非深水海域；我国南海东部深水油气井应用	低	低	一般
	水泥返高到上层套管鞋以下	形成裸眼井段，环空与地层直接连通，使环空流体进入地层	成本低，要求井眼规则，地层渗透性好； 关键参数：水泥浆注入量、固相沉积和裸眼长度	早期应用于墨西哥湾地区，但可靠性差，目前应用极少	低	低	一般
	可牺牲套管		成本低，要求地层渗透性好； 关键参数：套管安装位置、长度和强度	印尼地区深水油气井	低	高	低
	中空微球	压缩以后释放出额外体积，用来容纳热膨胀流体，降低压力	方式灵活，可用于不规则空间，水深不可过大； 关键参数：微球注入量及破裂压力	加拿大地区蒸汽注采井	低	低	低
	复合可压缩泡沫		包裹于套管外侧，环空尺寸不可过小； 关键参数：启动压力，体积收缩率，安装长度	已经室内试验验证，在欧洲北海、西非尼日利亚深水海域、北美墨西哥湾深水油气井应用	中	高	高
	预置泄压空间	提供额外空间容纳热膨胀液体	安置于环空中，要求与环空保持隔绝； 关键参数：泄压空间体积和介入方式	在 Shell 公司所属的荷兰 Groningen 气田中进行了应用	中	中	高
	聚合物单体缩聚	缩聚反应引起体积缩小，容纳液体	要求与钻井液或完井液不发生反应； 关键参数：混入比例、缩聚温度和催化剂类型	进行了室内研究和实验（雪佛龙资助），未有现场应用记录	中	低	一般
	环空注氮	氮气泡沫提高环空液体压缩性	应用条件灵活，需要专用注入设备； 关键参数：体积注入量、泡沫稳定性	应用于墨西哥湾地区深水油气井，在国内储气库注采井也有应用	中	低	高

密闭环空压力调控技术措施的选用和设计应综合考虑各种因素的影响。密闭环空压力措施优选流程如图 5-2 所示，应首先根据调控目标、地层性质和井身结构等参数来筛选单井适用措施，其中调控目标值应依据环空带压条件下的井筒完整性进行确定，从而保护油气井完整性。然后建立加权评估方法，综合考虑施工难度、应用成本、可靠性和技术水平来确定最终的调控措施，最后对关键参数进行设计。相对而言，破裂盘、可压缩泡沫技术较为成熟，应用较为广泛，先后也建立了应用模型。预置泄压空间具有效果好、施工难度低和可靠性高的特点，是一种具有前景的控制措施。隔热油管/套管和环空隔热液是两种典型的控制环空温度的措施，其中隔热液发展较为成熟，而隔热管研究并不充分。环空注氮是一种提高环空可压缩性的有效手段。为更好地控制密闭环空压力，本书选择隔热油管/套管、预置泄压空间和环空注氮三种措施，分别代表控制环空液体温度、释放环空热膨胀液体和提高环空液体可压缩性三种不同机理的控制措施。

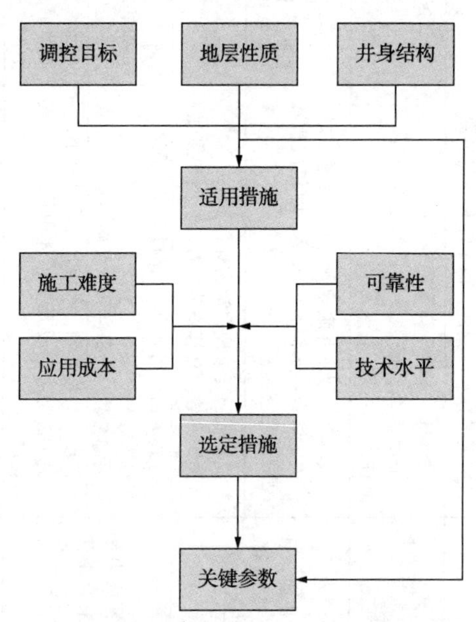

图 5-2　密闭环空压力措施优选流程图

5.1.2　环空液体温度控制技术

控制环空温度可通过增加井筒的径向传热热阻实现，常用的方式有隔热管材和隔热液体。隔热管材包括隔热油管和套管。目前，隔热油管已经进行了室内测试，并在巴西、墨西哥湾的深水油气田开展了应用研究。但是隔热管材的下入深度存在最佳值，超过该值后调控效果不会提升，并且隔热管材接箍的类型和结构对于控制效果至关重要，最多可消减 61%的热损失，King West 油田采用聚氨酯接箍隔热油管控制密闭环空压力取得了良好的效果。此外，隔热油管的强度低于普通油管，需要进行应力分析以保证其满足强度要求。考虑到成本因素，一般优先采用隔热油管，当不满足调控需求时，再采用隔热油管和套管复合隔热提高调控效果。

环空隔热液体与隔热管材的调控原理相同。目前的隔热液体具有高隔热性、低腐蚀性和良好的耐温性，并且在高温静置时具有高黏性，保证隔热性能稳定，而低温泵送又具有低黏的特点，无固相水基隔热液的出现又克服了固相沉积的问题。哈里伯顿公司的高黏度隔热封隔液密度在 1.02～1.75g/cm^3，耐温可达 162.8℃，能够同时削减热传导和热对流效应，并且能够与各类井筒工作液兼容，不会影响正常的油气井作业和完整性。相比于隔热管材，环空隔热液体的成本较低，因此应用广泛，尤其是在墨西哥湾地区的高温高压油气井中。

5.1.3 热膨胀环空液体释放技术

(1) 破裂盘技术

如图 5-3 所示，破裂盘是安装在套管短节上的破裂膜片，当内外两侧的压差到达其破裂压力时，就会平衡套管两侧压力或向地层形成泄压通道，从而保护环空内侧套管的完整性。因此破裂盘的使用需要满足以下要求：①破裂盘须安装在环空外层套管柱上方。若安装在内层套管，破裂盘破裂所形成的泄压通道就会沟通油套环空与外层环空。②破裂盘的破裂压力必须小于内层套管的抗外挤强度和外层套管的抗内压强度。破裂盘的破裂压力与温度和尺寸等因素相关，为提高破裂盘的可靠性，通常在套管短节上同时安装多个破裂盘，两个破裂盘之间呈 180°相对分布。根据不同的结构形式，可分前置作用破裂盘(Forward Acting Disk)、反向作用破裂盘(Reverse Acting Disk)和平面作用破裂盘(Flat Acting Disk)三类。

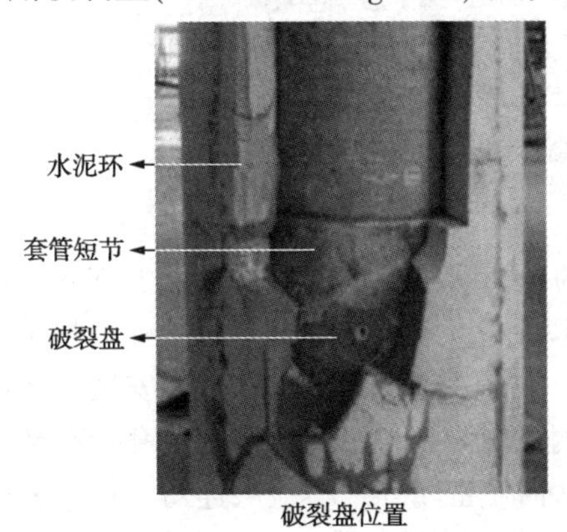

破裂盘位置

破裂盘实物图

图 5-3 破裂盘及其安装位置

(2) 降低水泥返高/射孔

如图 5-4 所示，当水泥返高降低到套管鞋以下时(Cement Shortfall)，环空便与地层直接相连。同理，射孔也能达到连通地层和环空的目的。在密闭环空压力和液柱压力的作用下，环空中的液体逐渐进入地层，达到降低密闭环空压力的目的。这一措施成本低，但是适应性和可靠性较差，目前并未广泛应用。首先，裸眼井段需要保证在 150m 以上或超过固相沉积的高度，否则环空液体中的固相便有可能沉积堵塞泄流通道。然而实际井眼形状不规则，水泥浆顶替效率难以准确计算，因此水泥返高难以精确控制。其次，环空液体进入地层的形式可分为渗透性漏失和裂缝性漏失。渗透性漏失的情况下，盐膏层等低渗透性地层中仍会产生较高的密闭环空压力。一旦密闭环空压力压裂地层，环空液体的释放形式就转为裂缝性漏失，当地层(尤其是深水地层)中存在浅层水、浅层气或其他复杂地质情况时，就会引发气侵等其他事故。第三，多环空条件下各个环空的裸眼井段深度不同，因此漏失速度不同，进而导致各个环空的压力不同，在套管两侧形成压差，使套管面临破损风险。

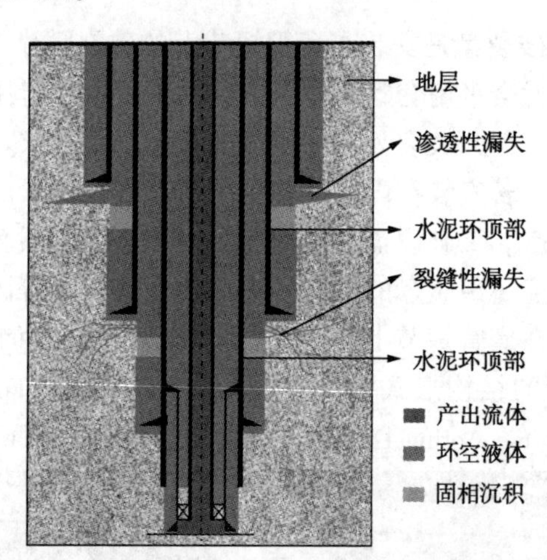

图 5-4　降低水泥返高控制密闭环空压力示意图

(3) 可牺牲套管技术

可牺牲套管(Sacrificial casing)指的是套管柱中低于设计强度的套管，这一技术结合了破裂盘和降低水泥返高的技术特点。图 5-5 是印度尼西亚海域某深水油气井示意图，20″套管柱全长 718.72m，在 381.30~518.56m 之间安装了 X56 钢级的套管作为可牺牲套管，而其他套管钢级均为 X80。因此可牺牲套管在环空压力产生并到达一定数值后会首先破裂，从而使密闭环空与地层连通，抑制密闭环空压力的持续增长，保护环空内层套管。在选择可牺牲套管的安装位置和强度时，应综合考虑套管柱的应力状态、外部地层性质和密闭环空压力的大小。这一技术克服了环空液体中固相沉积的不利影响，但是调控效果依然受限于地层性质。

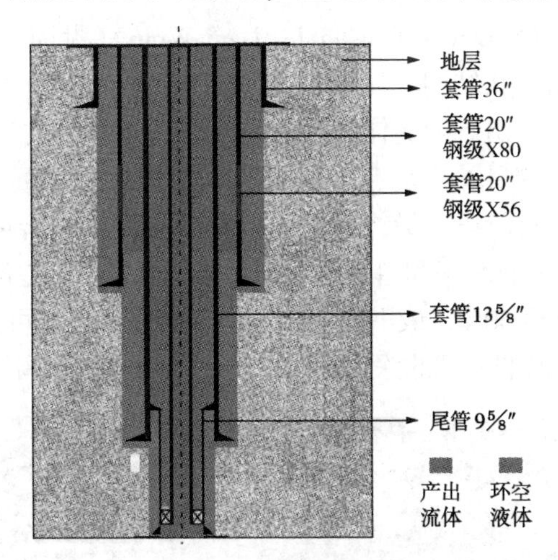

图 5-5　可牺牲套管示意图

（4）中空微球技术

中空微球(Hollow glass sphere)是一种玻璃微球，可以用来降低钻井液或水泥浆的密度。如图 5-6 所示，微球具有中空结构，直径一般在 19.05~45μm 之间。根据不同的温度变化和环空结构，中空玻璃微球的破裂压力可调，化学性质不活泼，热稳定性好，释放体积最高可达环空体积的 40%。当密闭环空压力达到玻璃微球的破裂压力时，玻璃微球就会破裂，释放出额外的体积来容纳膨胀的环空液体，降低环空压力。中空玻璃微球可直接加入钻井液或水泥浆中，也可通过热固性润滑脂包裹固定形成微球泡沫，因此这一技术应用范围较为灵活，可以用于封隔器间环空、页岩气和蒸汽注采井等非规则性密闭空间。在水深 300m 以下的海洋油气井和蒸汽注采井中取得了良好的调控效果。但在深水油气井中应用时，需要防止玻璃微球在液柱压力作用下提前破裂。

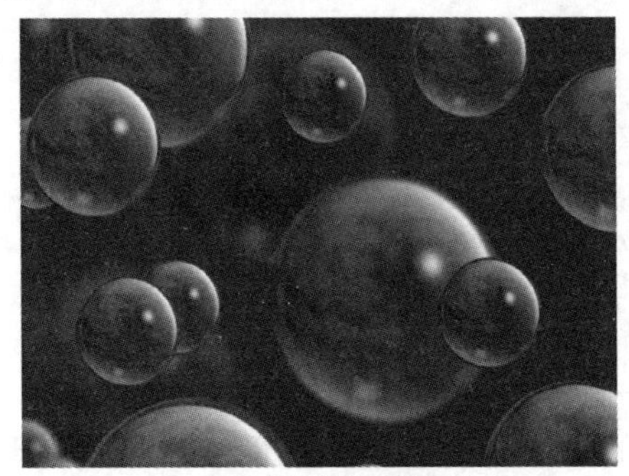

中空玻璃微球实物图

中空玻璃微球尺寸对比图

图 5-6　中空玻璃微球及其尺对比图

(5) 复合可压缩泡沫

复合可压缩泡沫(Syntactic Crushable Foam Wrap)[见图 5-7(a)]是固定在环空内侧套管外表面的环状结构。如图 5-7(b)所示，随着压力的升高，复合可压缩泡沫开始收缩，释放出容纳流体膨胀的空间来防止压力的进一步累积，从而达到降低密闭环空压力的目的，复合可压缩泡沫的体积变化可分为弹性压缩阶段、平稳压缩阶段和密实化阶段，最终到达体积收缩极限。复合可压缩泡沫的关键调控参数是其材料的体积收缩率和启动压力。目前复合可压缩泡沫的体积收缩量一般在 30%以上，最高可达 50%，最小启动压力为 28MPa，耐温可达 110℃，在墨西哥湾、欧洲北海地区和西非海域的深水油气田的密闭环空压力调控中均有所应用。

(a)复合可压缩泡沫

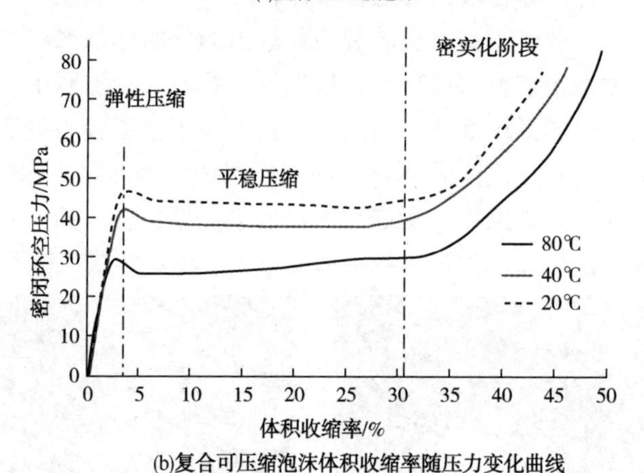

(b)复合可压缩泡沫体积收缩率随压力变化曲线

图 5-7 复合可压缩泡沫实物图与收缩率变化曲线

(6) 预置泄压空间

如图 5-8 所示，预置泄压空间(Addition Chamber)是一个舱室，被固定于套管外侧或环空内部，通过一定的措施与环空保持隔离，在环空压力产生后泄压空间便用于补偿环空液体热膨胀所需要的体积。泄压空间容纳环空流体的方式可分为两类，一是泄压空间与环空通过破裂盘或单向阀连接，环空液体直接进入预置泄压空间。二是通过泄压活塞装置相连，环空液体压缩泄压空间内的惰性气体，获得一定的体积。这一技术的有效性已经经过实验验证，并应用于 Shell 公司所属的荷兰 Groningen 气田中，内置泄压空间由 4⅝″套管和 9⅝″套管同心放置密封而成，在外侧的 9⅝″套管安装破裂盘，用于沟通密闭环空与泄压空间，达到容纳热膨胀液体、控制密闭环空压力的目的。

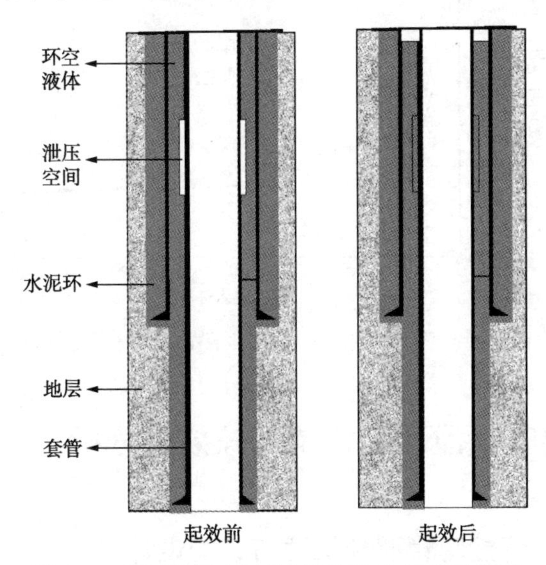

图 5-8　预置泄压空间控制密闭环空压力示意图

(7) 聚合物单体缩聚

聚合物单体发生缩聚反应时体积会减小，因此可以用于控制密闭环空压力。雪佛龙公司研发了一种可以收缩体积的液体，这种液体的收缩是通过甲基丙烯酸甲酯(MMA)单体在一定温度和化学催化剂的作用下转变为聚甲基丙烯酸甲酯(PMMA)实现的，体积收缩率可达 20%。MMA 单体在钻井液循环过程中受热，然后在水泥环上部延迟聚合，实现环空液体的体积收缩，进而控制密闭环空压力。MMA 具有成本低、毒性小和收缩率高的特点。实验表明，普通水基钻井液中可混入 10%~50%的 MMA 单体，可实现较好的控制效果。

5.1.4 环空流体压缩性改善技术

提高环空液体的可压缩性能够降低升高单位温度所产生的环空压力数值，从而显著降低密闭环空压力。目前通用的做法是向环空中注入一定比例的氮气段塞，因为其等温压缩系数远大于环空液体。氮气需要专门的注入系统，并且需要保持良好的稳定性，这在一定程度上增加了应用成本。实验表明，环空压力的下降趋势随着氮气泡沫注入体积的增加而逐渐减缓，合成基泥浆中的氮气泡沫注入体积达到5%以上，水基泥浆中的氮气泡沫体积达到15%以上时，环空压力的下降速度明显减缓，如图5-9所示。

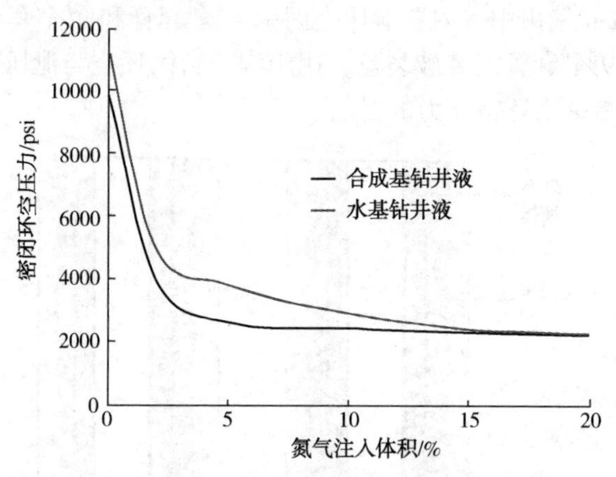

图5-9　密闭环空压力随注入氮气体积的变化规律

5.2　双层管壁泄压套管及调控效果分析

5.2.1　双层管壁套管调控机理与结构设计

影响因素敏感性评价结果显示，提供空间容纳热膨胀液体的调控效果最佳。根据前述推导的环空液体的*PVT*方程以及环空体积相容性原则，环空液体受热膨胀，然后体积增加。与此同时，环空压力会对环空液体产生压缩作用。环空液体增加的体积就等于环空液体体积压缩量和环空体积改变量的和。初始状态下，密闭环空中的环空液体体积等于环空体积，如式(5-1)所示的形式：

$$\begin{bmatrix} \alpha_1 \Delta T_{a1} \\ \alpha_2 \Delta T_{a2} \\ \cdots \\ \alpha_i \Delta T_{ai} \end{bmatrix} = \begin{bmatrix} k_{T1} p_{a1} \\ k_{T2} p_{a2} \\ \cdots \\ k_{Ti} p_{ai} \end{bmatrix} + \begin{bmatrix} \Delta V_{a1}/V_{a1} \\ \Delta V_{a2}/V_{a2} \\ \cdots \\ \Delta V_{ai}/V_{ai} \end{bmatrix} \tag{5-1}$$

定义式(5-1)中环空体积变化量与环空体积的比值为环空体积变化率，如式(5-2)所示：

$$R_{av} = \frac{\Delta V_a}{V_a} \times 100\% \tag{5-2}$$

式中，R_{av}为环空体积变化率,%。

图 5-10 是不同时间和产液量条件下密闭环空压力随着环空体积改变率变化的曲线。可见，密闭环空压力随着环空体积变化率的增加而降低，最终变为零。这是因为环空体积变化率越高，意味着环空中用来容纳热膨胀液体的体积越大。当增加的环空体积能够容纳所有的环空液体膨胀量时，便不再需要环空压力来压缩环空液体以满足相容性原则，因此环空压力保持为零。

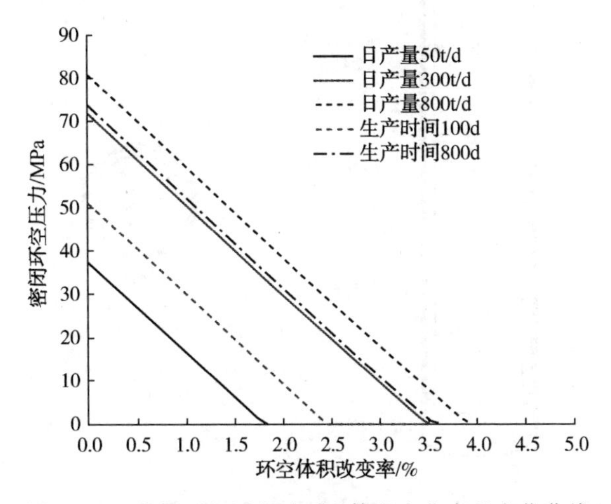

图 5-10　密闭环空压力随环空体积变化率的变化曲线

上述分析表明，通过改变环空体积变化率来调控密闭环空压力在任意条件下均具有良好的效果。同时，环空体积的增加也意味着环空中原始的液体饱和度降低，前述的敏感性分析表明，这一措施具有很高的调控效率。因此设计了一种全新的双层管壁套管来增加环空的体积，容纳环空中的热膨胀液体，从而降低密闭环空压力。该套管具有双层管壁结构，两层管壁之间形成密封的预置泄压空间，利用泄压阀来实现泄压空间与密闭环空的隔离和连通，对该套管调控的可行性进行了分析，进而对其关键参数进行了设计。为设计合理的套管参数和下入数量，降低调控成本，利用温度模型对任意产量和时间下环空温度变化进行了预测，最后基于以上分析和计算，提出了双侧管壁套管控制密闭环空压力的设计流程。

双壁中空套管结构如图 5-11 所示。双壁中空套管分为以下几个结构，分别是上部接箍、限压阀、内侧管壁、内置泄压空间、外侧管壁和下部接箍，限压阀的功能也可以用破裂盘来取代。内置泄压空间位于套管内壁和外壁之间，处于密封状态。套管外壁用来构成套管柱，防止发生挤毁或破裂。套管内壁用来保持泄压空间的独立性，保证泄压空间在套管下入和安装过程中不被环空液体入侵。泄压阀用来沟通环空与泄压空间，为释放发生热膨胀的环空液体提供通道。同样，泄压阀在管柱的下入和安装过程中必须保持关闭，保持泄压空间的独立性。密闭环空压力到达泄压阀的启动压力时，泄压阀开启，泄压空间与外层环空连通，从而增加环空体积，提高环空的体积变化率。

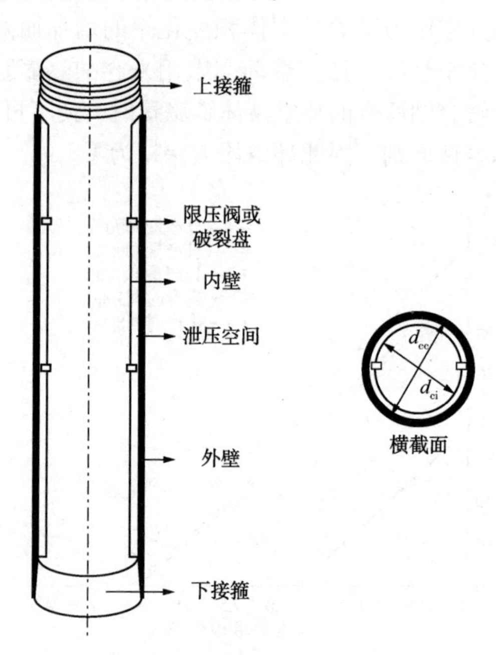

图 5-11　内置泄压空间的双层管壁套管示意图

根据体积变化率的定义，泄压阀开启后的环空体积变化率如式(5-3)和式(5-4)所示：

$$R_{av}=\frac{nV_{mc}+\Delta V_{apt}}{V_{an}-nV_{mc}}\times 100\% \tag{5-3}$$

$$V_{mc}=0.25\pi(L_c-L_{cj})[(d_{co}-2\times TH_{wo})^2-d_{ci}^2] \tag{5-4}$$

式中，n 为下入的双壁中空套管数量，无因次；V_{mc} 为单个双层管壁套管内置泄压空间的体积，m^3；V_{apt} 为温度和压力引起的环空体积变化，m^3；V_{an} 为未下入调控套管前的环空体积，m^3；L_c 为套管长度，m；L_{cj} 为套管接箍长度，m；d_{co} 为双层管壁套管外径，m；TH_{wo} 为双层管壁套管外层管壁厚度，m；d_{ci} 为双层管壁套管内壁外径，m。

相对于其他措施，该套管具有以下优势：第一，应用范围广。双层管壁套管安装于普通的套管柱中，不受井身结构、钻井施工和地层性质等条件的限制。第二，工艺成熟，施工难度低。安装双层管壁套管不需要额外的设备和施工程序，而且制造双层管壁套管的工艺与真空隔热套管具有相同的结构，且不需要隔热涂层，从工艺上可以实现。第三，良好的调控效果。该套管可以提高环空体积的变化率，提供额外的空间容纳环空中的热膨胀液体，从而取得良好的调控效果。

5.2.2 关键参数设计与调控过程分析

一方面，双层管壁套管控制密闭环空压力是通过改变环空体积实现的，因此在环空压力产生前，需要保证泄压空间的独立性，否则双壁中空套管便不能提供额外空间。另一方面，双层管壁上的限压阀必须在合理的时机开启，并且具备可靠性，从而在油气井受到危害前来实现密闭环空压力的调控。为实现上述目标，需要对双壁中空套管的关键参数进行设计，包括内壁和限压阀最小承压能力及限压阀的启动压力。

(1) 套管内壁与限压阀的最小承压能力

套管内壁的主要功能是保持泄压空间的独立性，同时限压阀也不能够提前启动，否则泄压空间的独立性也会遭到破坏。这就要求套管内壁和限压阀的最小承压能力不能小于钻井和固井过程中产生的压力，包括套管所在位置的液柱压力和作业中产生的压力，主要有循环压耗和起下钻的激动压力以及岩屑产生的附加压力。欠平衡钻井作业过程中还需要考虑井口的回压。综上所述，最小承压能力可由式(5-5)表示：

$$p_{min}=SA\times[10^{-3}\times\rho_m g(h_c+h_w)+\max(p_{ma}, p_s)+p_r+p_b] \tag{5-5}$$

式中，p_{min}为最小承压能力，MPa；SA为安全系数，无因次，取值为1.1；ρ_m为环空液体密度，g/cm^3；p_{ma}为循环压耗，MPa；p_s为起下钻激动压力，MPa；p_r为岩屑产生的附加压力，MPa；p_b为井口回压，MPa。

(2) 限压阀的启动压力

环空压力过高会损坏油气井的完整性，限压阀需要在恰当的时机开启，连通泄压空间与外部环空，从而降低环空压力。当环空压力产生并达到限压阀启动压力后，限压阀的启动压力由投产后产生的密闭环空压力和液柱压力构成，如式(5-6)所示：

$$p_{sw}=10^{-3}\times\rho_m g(h_c+h_w)+p_{aso} \tag{5-6}$$

式中，p_{sw}为限压阀/破裂盘的启动压力，MPa；p_{aso}为限压阀/破裂盘启动时的环空压力，MPa。

与此同时，限压阀/破裂盘启动时的环空压力p_{as}不能高于环空最大允许压力，否则在双壁中空套管发挥作用之前，井筒的完整性就已经面临威胁甚至遭到破坏。目前关于环空压力管理的标准有API RP 90标准和挪威NORSOK D-010标准。其中API RP 90标准应用较为广泛，图5-12表示了环空套管的相对位置，这一标准针对海上油气井环空的最大允许压力作出了如式(5-7)所示的规定：

$$p_{as}\leqslant p_{ac}=\min(0.5\times p_{co}, 0.75\times p_{cc}, 0.8\times p_{cno}) \tag{5-7}$$

式中，p_{ac}为环空最大允许压力，MPa；p_{co}为环空外层套管最小抗内压强度，

MPa；p_{cc}为环空内侧套管或油管的最小抗外挤强度，MPa；p_{cno}为紧邻环空的外侧套管的最小抗内压强度，MPa。

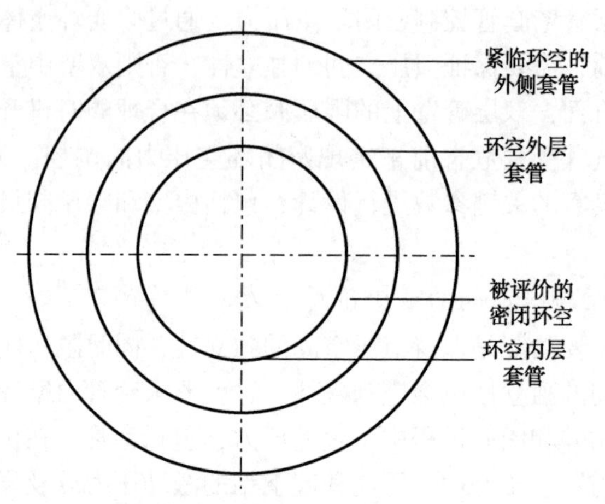

图 5-12　环空套管位置示意图

(3) 泄压阀开启后的密闭环空压力的变化特征

环空压力上升到一定值时，限压阀就会启动，此时双层管壁套管中预设的泄压空间就会容纳一部分液体。根据式(5-2)可知，双壁中空套管与环空连通后，环空内的液体饱和度会迅速降低，进而引起环空压力产生突变。在泄压阀开启时刻，当泄压空间能够完全容纳环空液体的膨胀量时，环空压力变为零。当泄压空间只能容纳部分热膨胀液体时，环空压力仍然存在。根据环空压力的产生机理，环空压力变化可用式(5-8)表示：

$$p_{acb}=\begin{cases}0, & R_{av}>\alpha\Delta T_{ac}\\ p_{as}-\dfrac{R_{av}}{k_T}, & R_{av}\leqslant\alpha\Delta T_{ac}\end{cases} \tag{5-8}$$

式中，p_{acb}为突变后的环空压力，MPa；ΔT_{ac}为限压阀开启时的环空温度变化值，℃。

井筒温度随着生产的进行会进一步地上升，环空中液体也继续升温膨胀。在液体未充满整个泄压空间和环空之前，环空压力仍然保持为零。之后，环空压力再次产生并逐步上升。双壁中空套管介入以后的环空压力可用式(5-9)计算：

$$\begin{bmatrix}\alpha_1\Delta T_1\\ \alpha_2\Delta T_2\\ \cdots\\ \alpha_i\Delta T_i\end{bmatrix}=\begin{bmatrix}k_{T1}p_{a1}\\ k_{T2}p_{a2}\\ \cdots\\ k_{Ti}p_{ai}\end{bmatrix}+\begin{bmatrix}R_{av1}\\ R_{av2}\\ \cdots\\ R_{avi}\end{bmatrix} \tag{5-9}$$

5.2.3 双层管壁套管调控效果分析

图5-13所示的深水油井泥线以下深度为3390m。以该井的B环空为例分析双壁中空套管的调控效果。双层管壁套管安装于13⅜″套管柱之中。在计算调控效果之前，应首先计算环空温度所能达到的最大变化值，以此作为依据分析调控效果。井筒温度变化的热量来源是地层产出液，因此井筒所能到达的极限温度等于产出液温度，因此环空温度变化的最大值计算式如式(5-10)所示：

$$\Delta T_{\mathrm{anm}} = \frac{\int_{z_t}^{z_b} g_f (h_{wb} - h_w - z)\,\mathrm{d}z}{z_b - z_t} \tag{5-10}$$

式中，ΔT_{anm}为环空温度变化最大值,℃；h_{wb}为井深，m；z_b为环空底部与泥线的距离，m；z_t为环空顶部与泥线的距离，m。

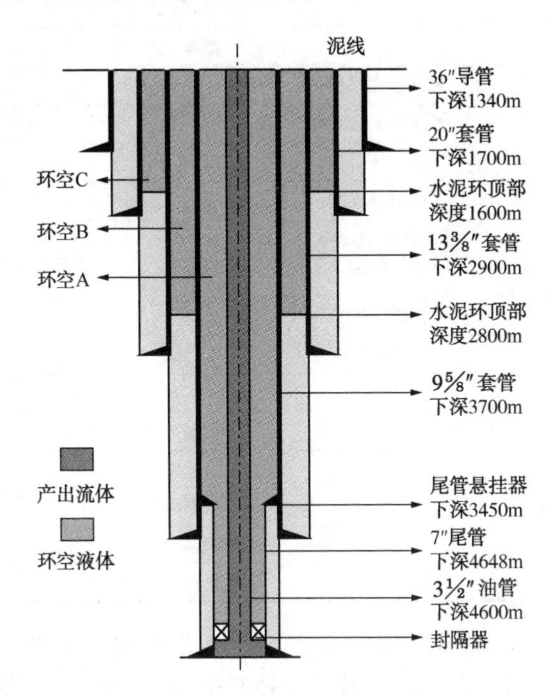

图5-13 案例井井身结构示意图

经计算该井环空的温度变化范围为0~120.02℃，双层管壁套管内侧管壁和限压阀的最小承压能力为24.76MPa，最大环空允许压力为17.0MPa。双壁中空套管的启动压力范围为24.76~36.90MPa。选定$0.9p_{\mathrm{ac}}$作为双壁中空套管的启动压力。其他计算参数见表5-2。

表 5-2 计算参数

参数		数值
水深		1260m
钻井液密度	1260~1700m	1.03g/cm^3
	1700~2900m	1.10g/cm^3
	2900~3900m	1.16g/cm^3
环空液体等温压缩系数		4.62×10^{-4}MPa^{-1}
环空液体等温膨胀系数		4.71×10^{-4}℃$^{-1}$
20″套管	抗内压强度	21.70MPa
	壁厚	15.88mm
13⅜″套管	抗内压强度	34.0MPa
	壁厚	12.19mm
9⅝″套管	抗外挤强度	32.80MPa
	壁厚	11.99mm
套管弹性模量		210GPa
套管线性膨胀系数		1.25×10^{-5}K^{-1}
激动压力		1.24MPa
岩屑附加压力		0.98MPa
钻井液环空压降		3.45MPa
井口回压		0MPa
泥线温度		4.50℃
地温梯度		4.67℃/100m
套管泊松比		0.3
双层管壁套管	长度	10.36m
	接箍长度	0.54m
	外壁厚度	12.19mm
	外壁直径	339.7mm
	内壁直径	298.5mm

图 5-14 是环空压力随环空温度和套管下入根数的变化图。根据环空压力的变化趋势，图 5-14 可分为三个区域：一是双壁中空套管未启动之前的压力变化图；二是双壁中空套管启动但环空液体尚未充满的区域；三是液体再次充满环空，压力继续上升的区域。从图 5-14 中可以看出：①限压未开启之前，密闭环空压力随着温度的增加而增加，此时双层管壁套管对密闭环空压力的变化没有影响；②双壁中空套管的限压阀启动后，密闭环空压力的调控效果随着下入根数的增加而增加，超过一定根数时，环空压力可被完全消除，此图中，当下入根数超过 36 根时，环空压力始终保持为零；③双壁中空套管与环空连通后，若能完全

容纳膨胀的液体，则压力突变为零。随着温度的增加，当双壁中空套管不能够完全容纳膨胀的液体时，环空压力会再次上升，并且随温度的增加而增加。

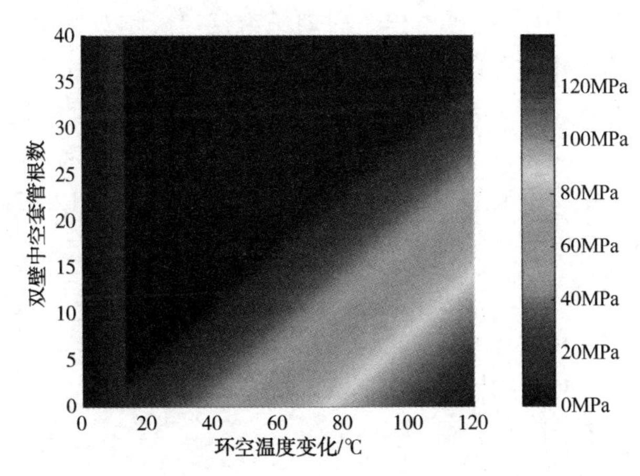

图 5-14　环空压力随温度和双壁中空套管下入数量的变化云图

图 5-15 是双壁中空套管的下入数量对突变以后的环空压力和环空压力所能到达的极限值的影响。从图 5-15 中可以看出，环空压力极限值与套管下入数量呈线性关系，当下入数量达到一定值时，环空压力保持为零不再变化。此例中，下入数量超过 33 根时，环空压力极限值便可保持在安全范围以内。突变以后的环空压力即双壁中空套管启动时刻的环空压力，从图 5-15 中可以看出其与套管下入数量的关系也为线性关系，并且该压力始终保持在环空最大允许压力之下。均衡考虑成本和安全问题，并不需要保持压力为零，把环空压力极限值控制在最大允许压力以下即可。

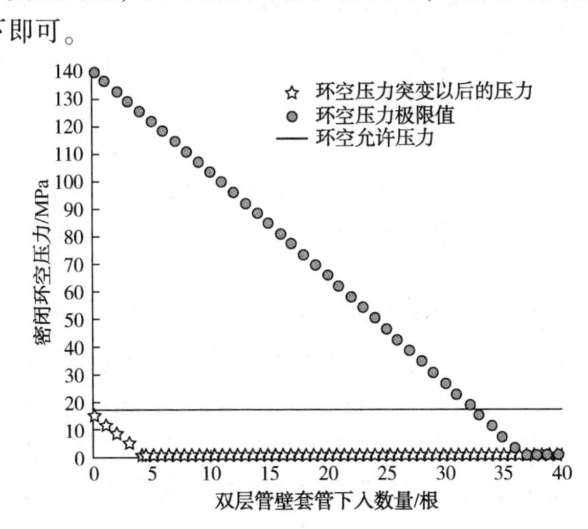

图 5-15　环空压力随双壁中空套管下入数量的变化曲线

图 5-16 反映的是双壁中空套管启动压力的影响。双壁中空套管下入数量为 35 根，三种不同条件下的启动压力分别是 23.294MPa、28.394MPa 和 35.194MPa。从图 5-16 中可以看出，启动压力仅仅影响双壁中空套管的介入时机，对后续压力的变化过程以及极限值无影响。然而，启动压力会影响套管内壁的钢级、壁厚等参数。当启动压力设置为 23.294MPa 时，套管内壁的相关参数为 K55 的钢级、11.05mm 的壁厚。当启动压力分别设置为 28.394MPa 和 35.194MPa 时，双壁中空套管内壁钢级则为 C75，壁厚则为 12.42mm。因此，选择合理的启动压力能够有效降低管材成本，提高效费比。

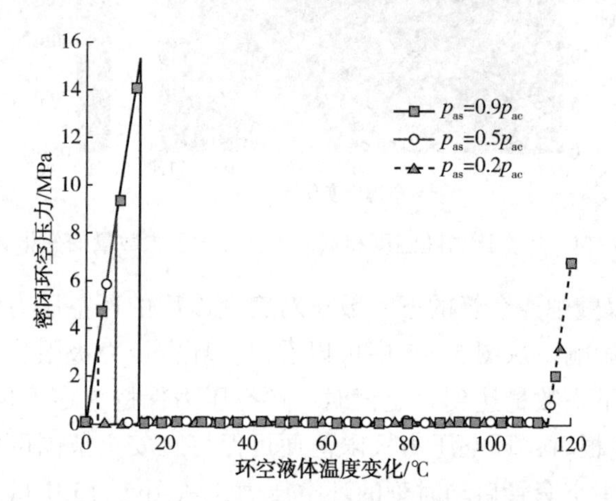

图 5-16　环空压力随双壁中空套管启动压力的变化曲线

5.2.4　双层管壁套管下入量优化设计

环空温度变化对于双壁中空套管的下入数量具有决定性的影响。实际生产过程中环空的温度在整个生产周期中并不一定能够到达极限值。考虑到安全和成本的均衡，只需要保证在正常生产过程中环空压力不高于环空允许压力即可。利用第 3 章中所建立的温度模型计算该井环空温度随时间和产量的变化趋势，双层管壁套管所在处的套管导热热阻也相应地发生变化，在计算环空温度变化时应考虑在内。

图 5-17 是环空温度变化随时间和产液量的变化云图。可以看出，随着产液量和生产时间的增加，B 环空的温度变化也在增长，但是增长趋势逐渐变缓。图 5-17 中所显示的最高温度变化为 103.26℃(3000d，800t/d)，远低于环空温度变化的极限值。由此可知，并没有必要按照环空温度变化的极限值来计算所需的套管数量，否则就会造成浪费。把温度变化和调控目标代入方程就可得所需调控套管的数量。

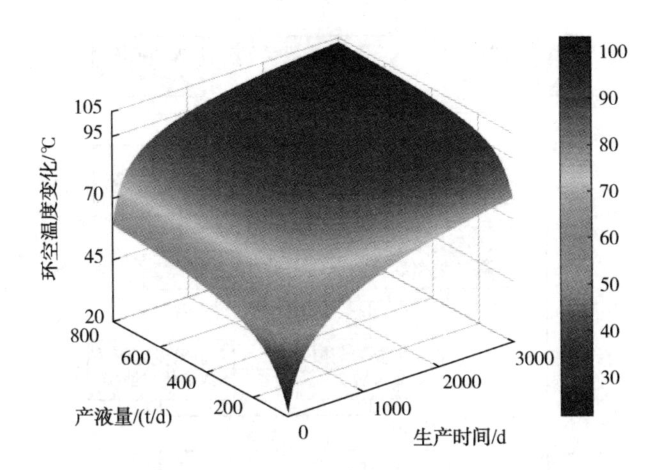

图 5-17 环空温度变化值随着生产时间和产液量的变化

如图 5-18 所示，调控目标为 $p_a \leqslant 0.9p_{ac}$。图 5-18 呈阶梯状分布，套管数量随着日产液量和生产时间的增加而增加，最高为 24 根(3000d，800t/d)，此时环空压力为 13.75MPa，低于调控目标(15.3MPa)，符合调控要求。同时低于环空温度变化极限值时所需要的 33 根，套管下入量减少了 27.27%，降低了调控成本。

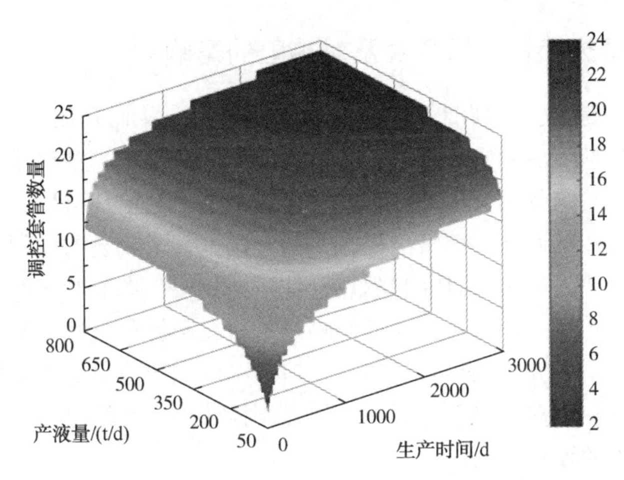

图 5-18 双层管壁调控套管下入数量随着生产时间和产量的变化

上述计算分析表明，本文设计的调控套管能够有效地降低密闭环空压力。同时，调控套管限压阀的启动压力和承压能力对于成功调控至关重要，管壁强度和下入套管数量直接影响调控成本。图 5-19 是应用调控套管控制密闭环空压力时的设计流程图。

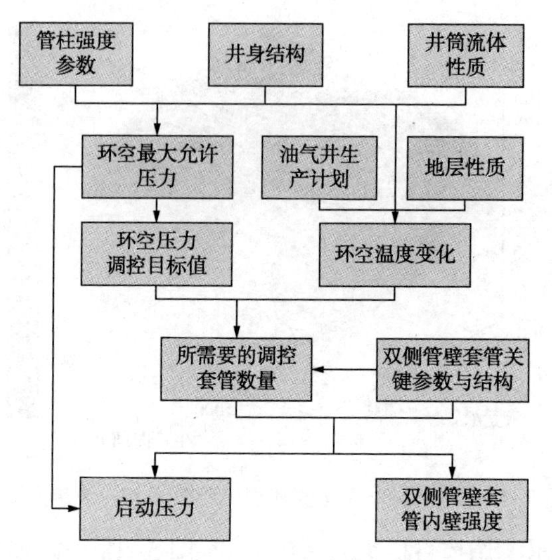

图 5-19　双层管壁套管控制密闭环空压力设计流程图

5.3　井筒隔热管材控压机理及优化设计

5.3.1　隔热管材应用方式及对热阻的影响

隔热管材也能大幅提高油气井的径向导热热阻，从而控制环空温度的上升。隔热管材主要包括隔热油管和套管，目前已经广泛应用在稠油热采、油气井保温防蜡和水合物防治等领域。国外也已经对隔热油管在调控环空压力中的作用进行了实验分析，并在巴西和墨西哥湾等深水油气田进行了成功的应用。但上述研究局限于单一的隔热效果实验研究和隔热管柱强度校核。本节利用所建立的多环空井身结构条件下的环空压力计算模型对隔热管材在套管环空压力调控方面的应用进行了分析评价，研究了隔热管材参数、地层温度和产液量等因素的影响，提出了应用隔热油管和隔热套管复合隔热来加强调控效果，并给出了应用隔热管材调控套管环空压力的设计方法。

如图 5-20 所示，隔热管材普遍具有双层管壁结构，其中内外管壁之间填充有保温材料，内层管壁和外层管壁在端口处焊接而成。按照不同的隔热方式和用途，隔热管材主要包括波纹隔热、预应力隔热和真空隔热。其中真空隔热油管能够满足深井和超深井的隔热需求。真空隔热管材隔热夹层中一般填充导热系数小的玻璃棉网，内外管壁表面覆盖了铝箔，夹层的真空环境可以尽量降低对流传热，因此真空隔热管材具有服役寿命长和隔热效果好的优点，密闭环空压力防治中也是选用的真空隔热管。

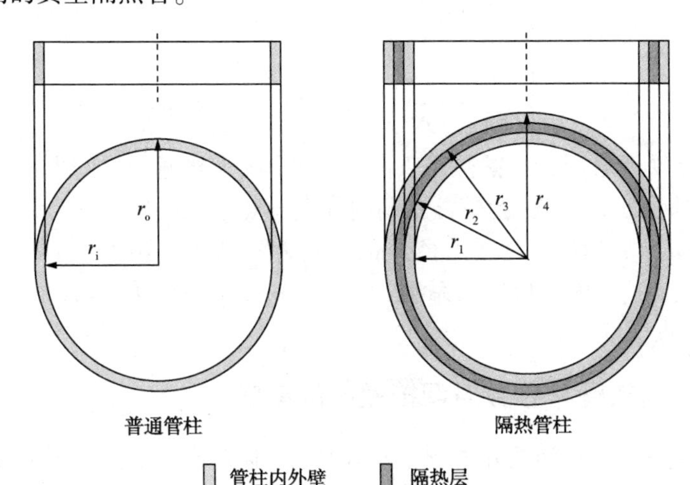

图 5-20 油气井隔热管材与普通管材截面示意图

图 5-21 显示的是隔热管材在管柱中的位置示意图。传统的设计中，只采用隔热油管来控制密闭环空压力，下入方式为从上向下。为加强调控效果，在单一隔热油管不能满足调控要求时，也可以同时在生产套管上使用隔热套管，进行复合隔热。在油气井中安装隔热管材后，油管柱和套管柱的热阻如式(5-11)所示：

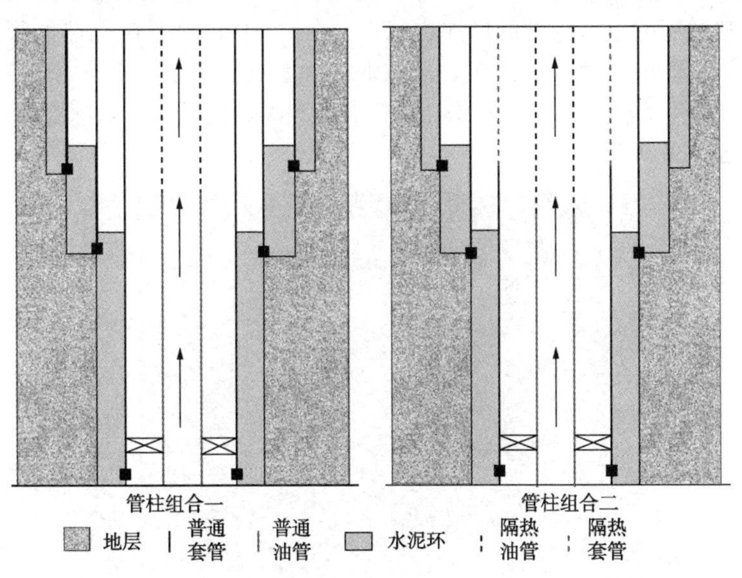

图 5-21 隔热管材在控制密闭环空压力中的组合方式

$$R_p=\begin{cases}\dfrac{1}{2\pi\lambda_{sw}}\ln\dfrac{r_i}{r_o} & (h_c>h_p)\\[2ex] \dfrac{1}{2\pi\lambda_{sw}}\ln\dfrac{r_2r_4}{r_1r_3}+\dfrac{1}{2\pi\lambda_{ins}}\ln\dfrac{r_3}{r_2} & (h_c\leqslant h_p)\end{cases} \tag{5-11}$$

式中，R_p为管柱径向导热热阻，m·℃/W；r_i为普通管材的内径，mm；r_o为普通管材的外径，mm；λ_{sw}为管柱钢制内外壁导热系数，W/(m·℃)；r_1为隔热管材内径，mm；r_2为隔热夹层内径，mm；r_3为隔热夹层外径，mm；r_4为隔热管材外径，mm；λ_{ins}为隔热层导热系数，W/(m·℃)；h_p为隔热管材的下入深度，m；h_c为计算点深度，m。

5.3.2 隔热管材参数对调控效果的影响

以第3章中的深水油气井为例，分析上述不同因素对隔热管材调控效果的影响。选择B环空作为分析对象。隔热管材内部发生的热量传递是导热、热辐射和对流三种方式的叠加结果，因此选用视导热系数来衡量油管的隔热性能。隔热套管视导热系数和隔热油管视导热系数分别为0.0104W/(m·K)和0.012W/(m·K)。

(1) 隔热管材下入深度的影响

图5-22是密闭环空压力随着隔热油管和隔热套管下入深度的变化云图(时间为900d时)。该图可分为A、B、C、D共4个区域，环空压力在A区域中随隔热套管和隔热油管的下入深度的增加均减小，在B、D区域只随隔热油管或者隔热套管下入深度的增加而减小，在C区域则基本不发生变化。该图中环空压力最小值出现在O点，为21.80MPa，此时隔热油管和隔热套管的下入深度均为2200m。最大值则超过了90MPa。

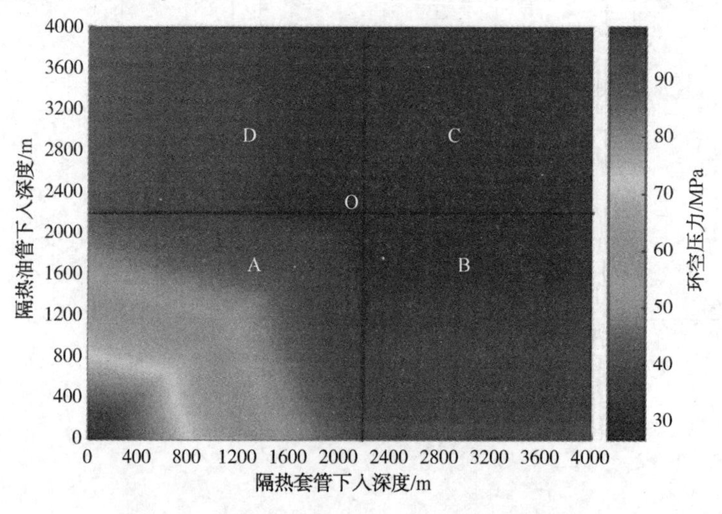

图5-22 隔热管材下入深度对环空压力的影响

由图5-23中的两条曲线可以看出，密闭环空压力随着隔热油管和隔热套管下入深度的增加而降低，但是当下入深度超过2200m以后，环空压力不再继续下降。这是因为2200m为该井B环空水泥环顶部的深度，当隔热管柱下入深度超过水泥环顶部以后，环空部分的井筒径向热阻不再增加。综上所述，隔热管材的最大有效下入深度为环空水泥环顶部的深度。

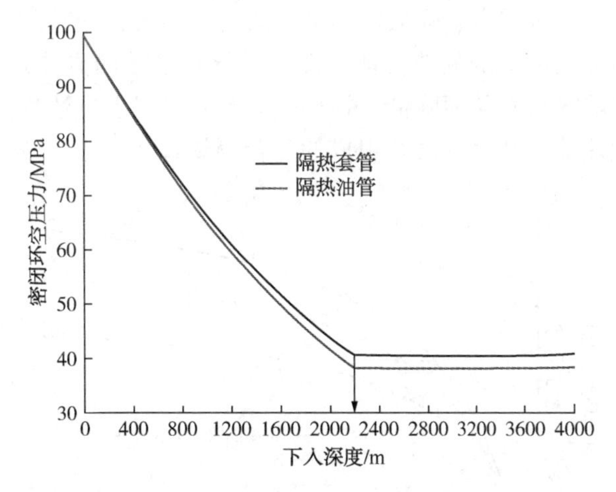

图5-23 环空压力随下入深度的变化曲线

(2) 隔热管材视导热系数

视导热系数表征了材料传递热量能力的大小，直接影响隔热管材对环空压力的调控效果。图5-24中，隔热油管和隔热套管的下入深度均为2200m。可以看出，密闭环空压力随着视导热系数的增加而上升，但是变化趋势逐渐放缓。

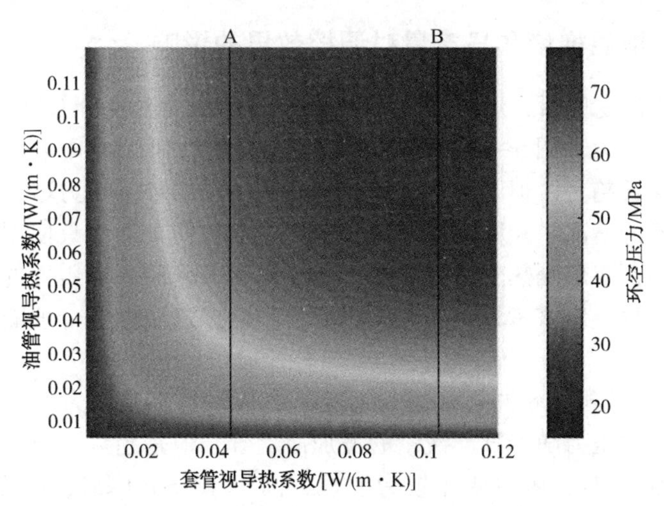

图5-24 视导热系数对环空压力的影响云图

图 5-25 中对比了隔热油管和普通套管组合以及从图 5-25 中沿 A、B 截取的两条曲线。可以看出导热系数低于 0.04W/(m·K)，环空压力随着导热系数的减小迅速下降，调控效果明显，三条曲线之间的差值也迅速缩小，趋于同一数值；当视导热系数超过 0.1W/(m·K)时，环空压力变化幅度和速度较小，调控效果不佳，三条曲线的差值也随之扩大。目前真空隔热油管的视导热系数可降低至 0.0086W/(m·K)。从成本和降低操作难度的角度出发，应首先考虑使用隔热油管，并通过提高隔热油管的隔热性能，降低视导热系数的方法来加强调控效果，例如在接箍处装隔热衬套从而降低其视导热系数。当以上方法均不能达到调控预期时，再应用隔热油管和隔热套管组成的复合隔热管柱。

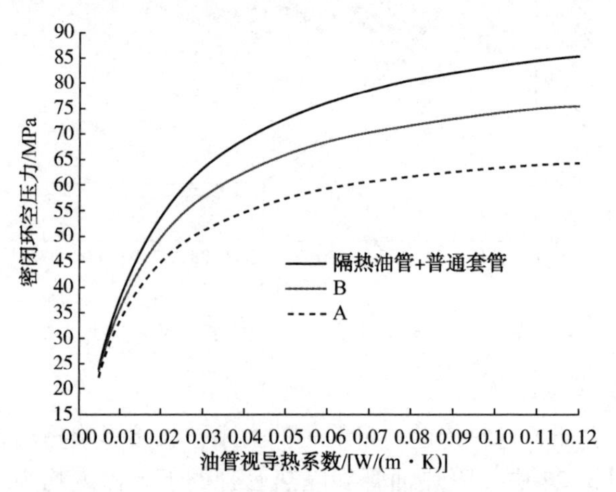

图 5-25 环空压力随油管视导热系数的变化曲线

5.3.3 地温梯度和日产量对调控效果的影响

井身结构确定以后，地层温度和产液量会对井筒温度分布产生一定影响，进而影响环空压力。图 5-26 显示两种管柱组合情况下环空压力均随地温梯度增加呈线性增长趋势。但是，双层隔热管柱情况下的环空压力增长速度小于只使用隔热油管的情况，相同地温梯度时的压力值也明显低于只使用隔热油管的情况。这说明，双层隔热管柱能够降低地温梯度对密闭环空压力的影响，在设计隔热管柱过程中应该考虑不同地层温度的影响，进而确定合理隔热管柱的组合搭配。

图 5-27 中分析了不同管柱组合情况下产液量对环空压力的影响。从曲线形态可知，环空压力随着日产液量的增加而上升，但是趋势逐渐放缓。当日产液量低于 250t/d 时，压力变化较为明显，高于 400t/d 以后，压力较为稳定。与此同时，采用双层隔热管材的复合隔热管柱调控效果要优于单一的隔热油

管。因此，在高产量情况下小幅度调整日产液量并不能够有效提高隔热管材的调控效果。

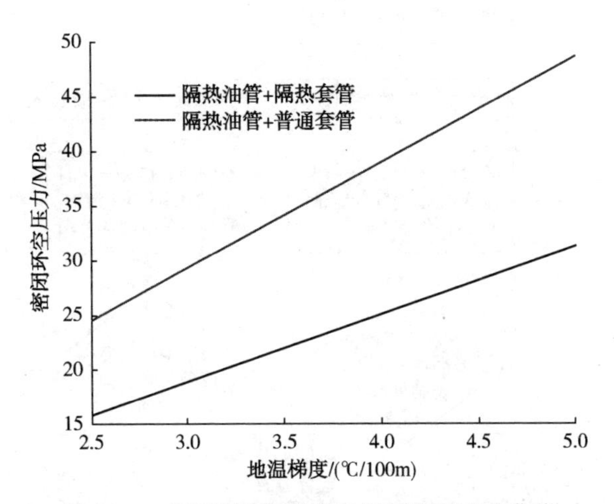

图 5-26　密闭环空压力随地温梯度的变化曲线

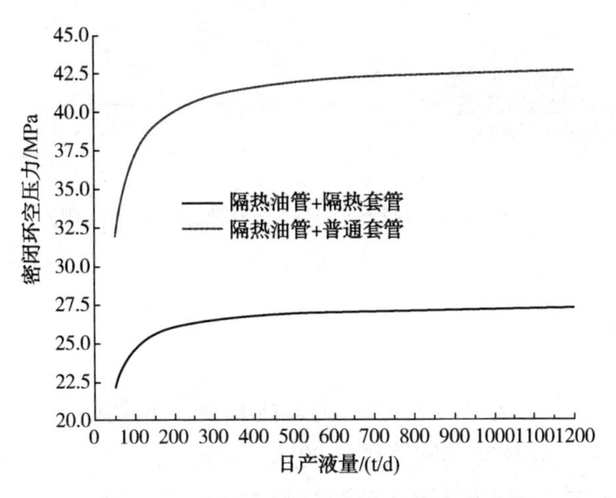

图 5-27　环空压力随日产液量的变化曲线

5.3.4　隔热管柱组合及关键参数设计方法

根据上述分析，综合考虑施工难度和成本、地层性质和调控预期等因素的影响，建立了如图 5-28 所示的隔热管柱组合及关键参数设计方法。应获取油气井的生产计划，然后根据地层性质确定密闭环空压力随时间的变化趋势。密闭环空压力的调控预期应低于环空的最大允许压力，在设计中应首先考虑单一的隔热油管是否能满足要求，然后再考虑复合隔热管柱。

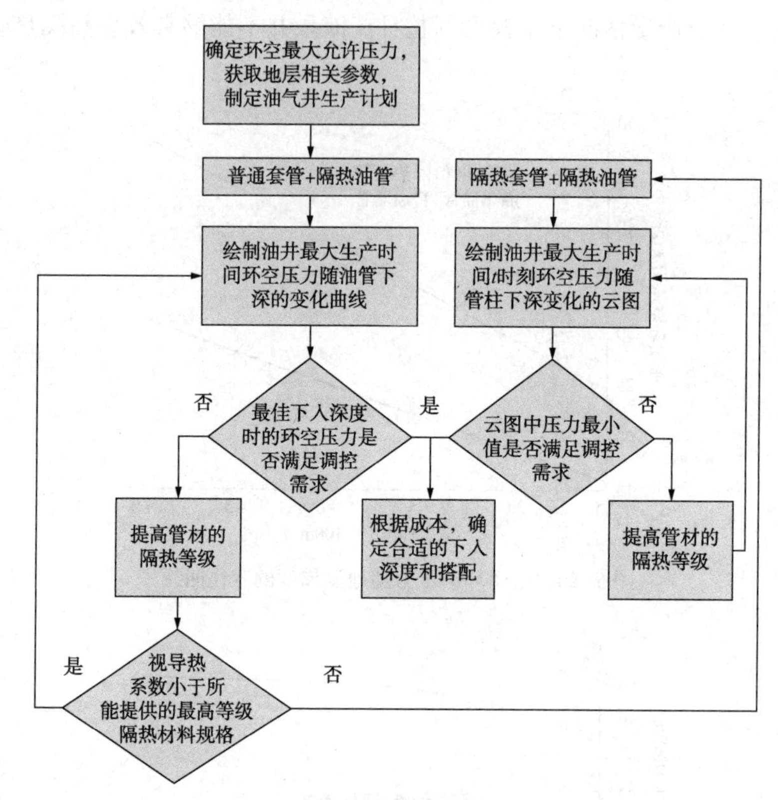

图 5-28　隔热管材组合形式及关键参数设计流程图

5.4　本章小结

① 分类归纳了主要的密闭环空压力调控措施，包括基于控制环空液体温度的防治措施、基于释放环空热膨胀液体的防治措施和提高环空液体的压缩性。依据调控的时机，调控措施可分为主动调控和被动调控，全井段固井、隔热管材和环空隔热液属于主动措施。被动措施包括提高钢级壁厚、破裂盘、降低水泥返高、可牺牲套管、中空微球、可压缩泡沫、预置泄压空间和环空注氮等。不同的防治措施在施工难度、成本、可靠性和应用范围上具有差异性。

② 设计了一种具有双层管壁结构内置泄压空间的套管，该套管能够提供额外空间，提高密闭环空的体积变化率，从而容纳热膨胀液体，降低密闭环空压力。该套管由上接箍、限压阀、内壁、内置泄压空间、外壁和下接箍组成。为确保达成调控目标，设计了套管的最小承压值和限压阀启动压力，并分析了调控过程。结果表明，密闭环空压力极限值随着调控套管下入数量的增加而逐渐降低，

当下入数量超过一定数值时，密闭环空压力始终保持为零。限压阀的启动压力不会影响最终的调控效果，但是会影响套管内壁的钢级、壁厚等参数。调控套管下入数量随着生产时间和产液量的增加呈现阶梯状增长。合理地预测环空温度变化能够减少套管的使用数量，实现低成本高效地控制环空压力。

③隔热管材包括隔热套管和隔热油管，能够提高井筒径向传热热阻，从而降低密闭环空压力的上升速度。通过所建立的模型研究了隔热管材关键参数和组合方式以及地层、产量对调控效果的影响。结果表明，隔热管材的下入深度存在最佳值，为环空水泥环顶部的深度，超过该深度，调控效果不会继续加强。密闭环空压力随着视导热系数的降低而降低。产液量和地温梯度的增加会引起密闭环空压力的上升，但是隔热套管与隔热油管组成的复合隔热管柱可以降低这两个因素的不利影响。从调控成本和效果的角度考虑，给出了隔热管材调控密闭环空压力的关键参数和组合方式设计方法，应优先考虑隔热油管，当调控效果不满足要求时，再应用复合隔热管柱。

第6章　环空注氮控压机理与优化设计

氮气具有压缩性强、来源广泛和成本低廉的特点。氮气的可压缩性要远大于液体，同时氮气还能够增加井筒的径向传热热阻，因此在环空中加入一定量的氮体段塞能够显著降低密闭环空压力，成为控制密闭环空压力的有效措施之一。为解析环空中气液共存情况下的密闭环空压力变化规律，建立了基于体积补偿效应的计算模型，分析了主要影响因素对密闭环空压力的影响。从氮气最优注入量和调控可靠性入手，考虑了井筒温度分布和井筒安全屏障承压能力的影响，根据气液共存情况下的环空压力增量与注氮体积之间的关系，建立了油气井密闭环空注氮控压优化设计方法。为确定影响最优注入量的关键因素，分析了不同因素的敏感性，从而为密闭环空压力的安全高效调控提供理论依据和技术支撑。

6.1　环空注氮控压计算方法

6.1.1　环空注氮控压机理

目前，已经在海上油气田井筒隔热和储气库注采井环空压力控制等领域开展了注氮气技术相关应用。如图6-1所示，环空注入氮气后，部分环空液体被驱替，环空中形成液柱与气柱并存的局面。环空压力的产生会压缩环空气柱，使其体积缩小。根据体积相容性原则，环空气柱缩小的体积就被用来容纳发生热膨胀的环空液体，从而形成环空液体被释放的效果，即体积补偿效应。此外，氮气气柱占据了部分环空空间，这意味着环空液体体积相应地减小，其体积膨胀量也随着降低。此外，氮气的导热系数小于环空液体，因此在存在气柱的井筒的径向热流量会降低，环空温度也会降低。

6.1.2　环空注氮后压力计算方法

随着井筒温压的变化，气体被压缩而液体发生膨胀，但是整个环空始终被流体充满，符合体积相容性原则。环空压力与环空流体体积之间的函数关系如式(6-1)和式(6-2)所示：

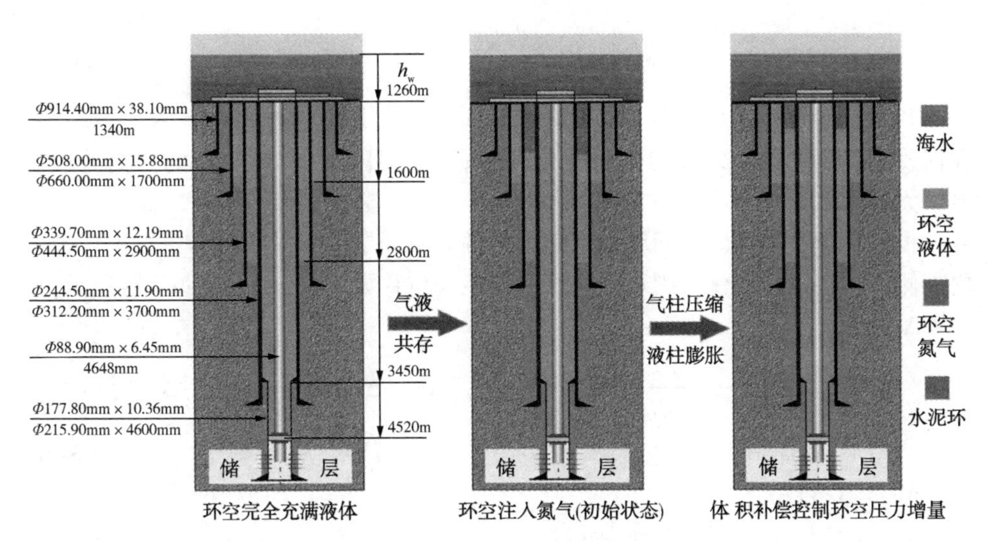

图 6-1 密闭环空注氮控压示意图

$$V_{f}+\Delta V_{f}+V_{NC}=V_{a}+\Delta V_{a} \tag{6-1}$$

$$V_{f}+V_{NS}=V_{a} \tag{6-2}$$

式中，V_{NC}表示井筒温压影响下的氮气气柱体积，m^3；V_{NS}表示注入环空氮气气柱初始体积，m^3。

氮气注入后，环空中形成了气液共存的情况。环空液柱体积改变量与井筒温度、环空压力增量和液体质量呈全增量微分关系。密闭环空与外界不发生流体交换，结合等温压缩系数和等压膨胀系数的定义，环空液柱体积变化量可用公式计算。根据气体的 pVT 性质，环空氮气气柱体积与温压分布相关，如式(6-3)所示：

$$V_{NC}=V_{NS}\frac{p_{as}T_{aN}}{(\Delta p_{a}+p_{as})T_{as}} \tag{6-3}$$

式中，p_{as}表示环空气柱初始压力，MPa；T_{aN}表示环空气柱平均温度，K；T_{as}表示环空气柱初始平均温度，℃。

对于深水油气井，注入的氮气受到海面至井口的液柱压力和预留环空压力的压缩作用，因此氮气气柱的初始压力由两部分组成，如式(6-4)所示：

$$p_{as}=p_{aY}+10^{-3}\rho_{co}gh_{w} \tag{6-4}$$

式中，p_{aY}表示预留环空压力，MPa；ρ_{co}表示井筒液体密度，g/cm^3。

考虑到温度沿井筒纵向的非线性分布特征，将井筒长度划分为 Δz 的等长度进行分段，此时整个环空的体积变化为各个分段体积变化的累计值，如式(6-5)所示：

$$\Delta V_{a} = \sum_{i=N_a}^{(h_b-h_w)/\Delta z} \Delta V_{a}^{i} \tag{6-5}$$

式中，h_b为井深(井底至海平面)，m；Δz 为分段长度，m；i 为分段编号，无因次；$\Delta V_a^{\ i}$为第 i 分段的体积变化，m^3；N_a为环空底部所对应的井筒分段编号，无因次。

根据热弹性平面应变问题和弹性力学轴对称问题的解，同时考虑自由段套管内外侧的环空压力变化，则环空内外壁的径向位移如式(6-6)和式(6-7)所示：

$$\begin{aligned}\Delta r_{n}^{i} &= \Delta r_{nt}^{i} + \Delta r_{np}^{i} \\ &= \alpha_{s} r_{n} \Delta T_{n}^{i}(1+\mu) + \frac{(1+\mu)}{E(r_{n}^{2}-r_{nn}^{2})r_{n}}[-r_{nn}^{2}r_{n}^{2}(\Delta p_{an}-\Delta p_{ann}) + (\Delta p_{ann}r_{nn}^{2} - \Delta p_{an}r_{n}^{2}) \\ &(1-2\mu)r_{nn}^{2}]\end{aligned} \tag{6-6}$$

$$\begin{aligned}\Delta r_{w}^{i} &= \Delta r_{wt}^{i} + \Delta r_{wp}^{i} \\ &= \alpha_{s} r_{w} \Delta T_{w}^{i}(1+\mu) + \frac{(1+\mu)}{E(r_{ww}^{2}-r_{w}^{2})r_{w}}[-r_{w}^{2}r_{ww}^{2}(\Delta p_{anw}-\Delta p_{an}) + (\Delta p_{an}r_{w}^{2} - \Delta p_{anw}r_{ww}^{2}) \\ &(1-2\mu)r_{ww}^{2}]\end{aligned} \tag{6-7}$$

式中，Δr_n^i为第 i 分段环空的内径变化，m；Δr_{nt}^i为温度引起的环空内径变化，m；Δr_{np}^i为压力引起的环空内径变化，m；ΔT_n^i为环空内径处的温度变化，K；α_s为套管的线性膨胀系数，K^{-1}；r_n为环空内径(即环空内侧套管外径)，m；μ 为套管泊松比，无因次；E 为套管弹性模量，MPa；r_{nn}为环空内侧套管的内径，m；Δp_{an}为当前环空的压力增量，MPa；Δp_{ann}为当前环空内侧环空的压力增量，MPa；Δr_w^i为第 i 分段环空的外径变化，m；Δr_{wt}^i为温度引起的环空外径变化，m；Δr_{wp}^i为压力引起的环空外径变化，m；ΔT_w^i为环空外径处的温度变化，K；r_w为环空外径(即环空外侧套管内径)，m；r_{ww}为环空外侧套管的外径，m；Δp_{anw}为当前环空外侧环空的压力增量，MPa。

获取径向位移后，即可计算单个环空分段的体积变化，如式(6-8)所示：

$$\Delta V_{a}^{i} = \pi \Delta z(\Delta r_{w}^{i2} - \Delta r_{n}^{i2} + 2r_{w}\Delta r_{w}^{i} - 2r_{n}\Delta r_{n}^{i}) \tag{6-8}$$

当环空中存在氮气气柱时，被氮气气柱所占据的环空，其热阻不再是环空液体热阻，而是氮气的热阻，因此环空段的热阻如式(6-9)所示：

$$R_{a} = \begin{cases} \dfrac{1}{2\pi\lambda_{ld}}\ln\dfrac{r_{i}}{r_{o}} & (h_{c}>L_{N}) \\ \dfrac{1}{2\pi\lambda_{N}}\ln\dfrac{r_{i}}{r_{o}} & (h_{c}\leqslant L_{N}) \end{cases} \tag{6-9}$$

式中，R_a为环空热阻，m·℃/W；L_N为氮气气柱长度，m；λ_{ld}为环空液体导热系数，W/(m·℃)；λ_N为氮气的导热系数，W/(m·℃)。

6.1.3 密闭环空压力求解与分析

利用第4章中所建立的环空温度计算模型即可求取氮气气柱在投产以后的温度分布，然后根据公式求取在注入一定体积氮气后的密闭环空压力。由于气体的压缩效应较为明显，其所占据的环空体积的比例也在不断减小，因此气柱长度也在降低。所以应采用时间分段迭代计算的方法，具体计算流程如图6-2所示。其中 t_t 为生产时间，s；N 为时间分段数量，无因次；A_a 为环空横截面积，m^2；A'_a 为温度压力发生改变后的环空横截面积，m^2。

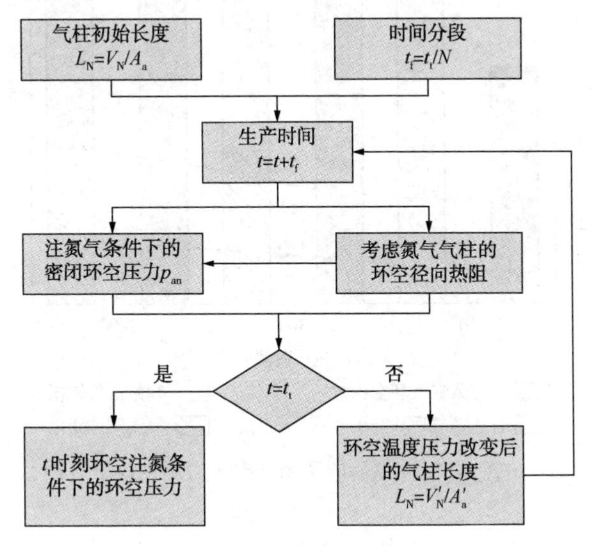

图6-2　求解流程图

以第2章中的深水油井为例，选择该井的B环空作为分析对象，分析环空注入氮气以后密闭环空压力的变化，其中氮气注入量是无因次注气量。相关参数见表6-1。

表6-1　计算参数

参数	数值	参数	数值
氮气注入量/%	10	产液量/(t/d)	600
氮气导热系数/[W/(m·℃)]	0.025		

如图6-3所示，注氮气后，环空压力大幅度下降，三个时间的环空压力分别下降了89.67%、85.80%和84.90%，显示出了良好的调控效果。并且环空压力的上升速度也显著降低，未注气时，10~300d的环空压力上升了25.24MPa，注入氮气以后仅上升5.87MPa。同时，环空中氮气体积也不断减小，体积由10%降

低至6.44%。这是因为氮气的压缩性远大于环空液体，在环空高压的作用下体积缩小，从而容纳环空中发生热膨胀的液体。以上分析表明，环空中注入一定量的氮气可以有效降低密闭环空压力，控制上升幅度，是一种可行的密闭环空压力调控措施。

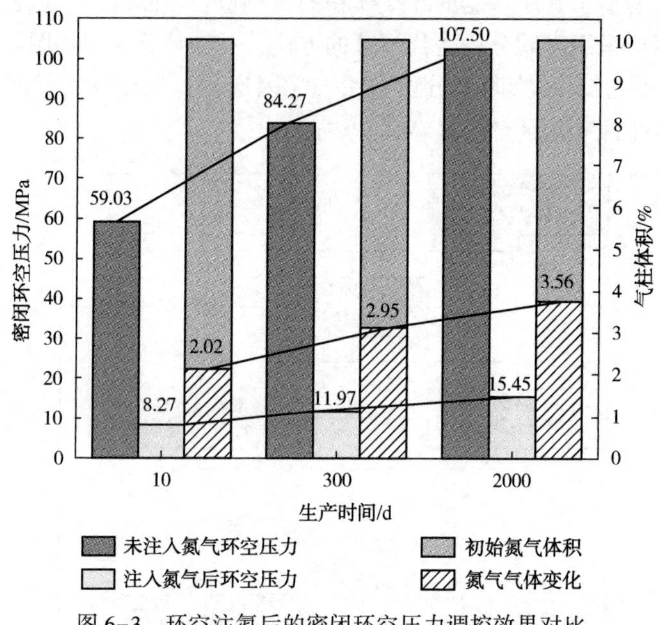

图6-3　环空注氮后的密闭环空压力调控效果对比

6.2　环空注氮控压适用性分析

6.2.1　氮气注入量的影响

图6-4显示的是无因次注气量影响。密闭环空压力随着氮气注入量的增加而下降，但是环空压力的下降趋势逐渐放缓，在注入量超过15%后基本保持不变，在20%趋于稳定。以生产时间为300d的曲线为例，当氮气注入量由零增加到10%时，环空压力从84.27MPa降低到11.97MPa，变化幅度为85.80%。当氮气注入量由10%进一步增加到20%时，环空压力仅仅降低4.98MPa。对比图6-4中三条曲线之间的差值可以发现，三条曲线随着氮气注入量的增加而逐渐靠拢，意味着差值降低。当氮气注入量为20%时，三条曲线上的环空压力在同一范围，分别是6.22MPa、6.99MPa和7.78MPa。三条曲线随着氮气注入量的增加而逐渐靠拢，意味着差值降低。与此同时，氮气体积变化量先增加后缓慢下降。根据上述

数据分析可知，氮气注入量的增加可以强化密闭环空压力的调控效果，但当氮气注入量超过一定数值后，密闭环空压力的调控效果不再发生显著的变化。从密闭环空压力调控效费比的角度出发，环空内氮气的注入量应该维持在10%~15%。这与实验结果相同，表明所建立的模型具有较好的准确性。

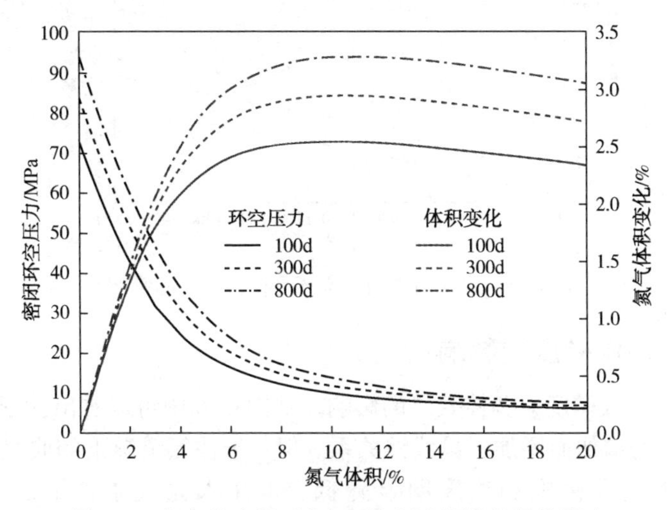

图6-4 氮气注入量对密闭环空压力调控效果的影响

6.2.2 深水油气井水深的影响

图6-5显示的是油气井所在水域的水深对调控效果的影响。在分析水深影响时，保持泥线以下的井身结构不变，从而维持单因素变化。从图6-5中可以看出，密闭环空压力随着水深的增加而增加，表明水深的增加削弱了同等条件下的密闭环空压力调控效果。以氮气含量为10%的曲线为例，水深500m时环空压力为6.46MPa，当水深增加到1500m时，环空压力增加至13.03MPa，但是仍然在安全范围内。这是因为初始状态下氮气所承受的压力包括了从井口到钻井平台的液柱压力，因此水深越深，氮气的初始压力越大，致使氮气的压缩性能降低。根据上述数据分析结果可知，深水和超深水油气井筒承受了较大的液柱压力，因此需要增加环空内氮气的注入量来强化调控效果，抵消水深增加对调控效果的不利影响，从而确保调控的可靠性。不同于深水油气井，陆上的深层高温井不承受水深带来的初始环空压力，因此氮气气柱的初始压力可以自由设置。与深水井相比，氮气可以通过更小的体积实现更好的控制效果。较低的初始压力下氮气更容易被压缩。但需要注意的是，初始压力的设定还需要考虑油管抗内压强度和油管挂等的承压能力。

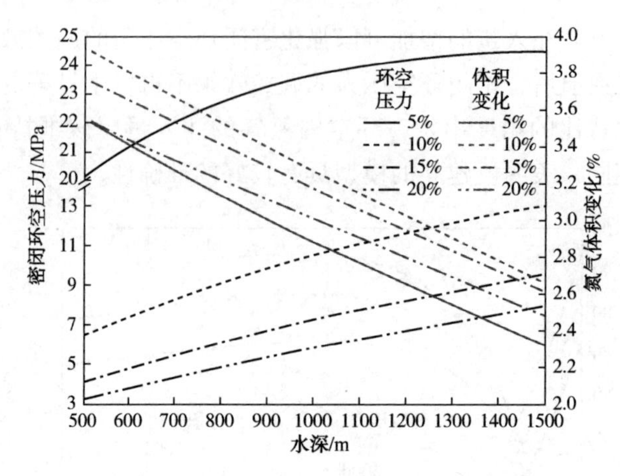

图 6-5　水深对密闭环空压力调控效果的影响

6.2.3　地温梯度的影响

图 6-6 是地温梯度对调控效果的影响。从图 6-6 中可以看出，密闭环空压力随着地温梯度的增加而增加，呈线性关系。但与未注氮情况下的曲线相比，注氮以后环控压力上升幅度和速度明显降低。未注入氮气条件下，地温梯度由 2.5℃/100m 增加到 5℃/100m，环空压力从 45.53MPa 增加到 90.16MPa，增幅为 44.64MPa。注氮后的四条曲线，环空压力仅分别增加 9.94MPa、7.63MPa、5.09MPa 和 4.02MPa。上述数据表明，环空注氮虽然无法改变高地温梯度下密闭环空压力增加的趋势，但可以降低密闭环空压力数值及上升速度，因此可以降低高地温梯度的不利影响。因此，注氮气控制密闭环空压力能够在高温油气藏中应用，并实现较好的调控效果。

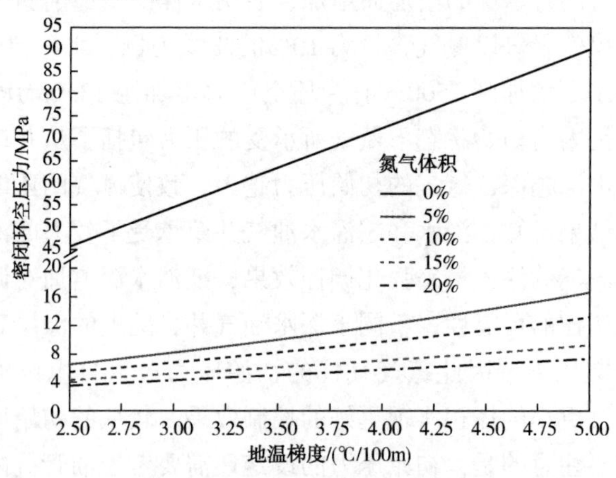

图 6-6　地温梯度对密闭环空压力调控效果的影响

6.2.4 环空流体性质的影响

图 6-7 是环空液体膨胀压缩性的影响。四幅图中的环空压力仍然随着等温压缩系数和等压膨胀系数的改变而改变，表明环空液体的性质会影响调控效果。四幅图中，氮气注入体积分别为 5%、10%、15%和 20%，所对应的环空压力最大值分别为 77.84MPa、24.59MPa、13.82MPa 和 10.03MPa，最小值分别为 11.79MPa、7.80MPa、6.35MPa 和 5.60MPa，压力变化范围逐渐缩小。对比可知，随着环空氮气注入体积的增加，环空液体膨胀性和压缩性对调控效果的影响被削弱。表明，注氮控压对不同性质的环空液体均有较好的控制效果，针对高膨胀性和低压缩性的环空液体，应增加氮气注入体积，从而维持较好的调控效果。

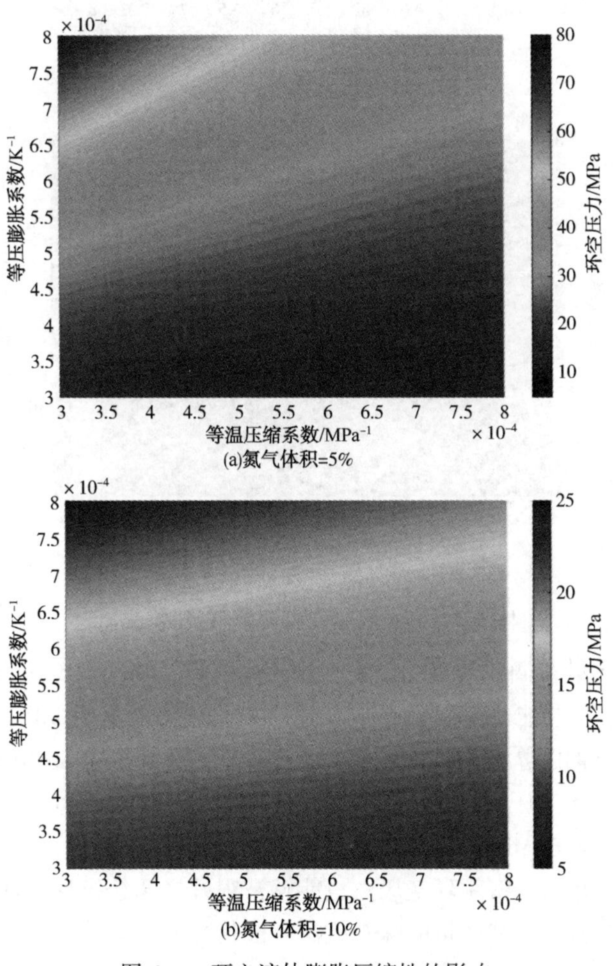

图 6-7 环空液体膨胀压缩性的影响

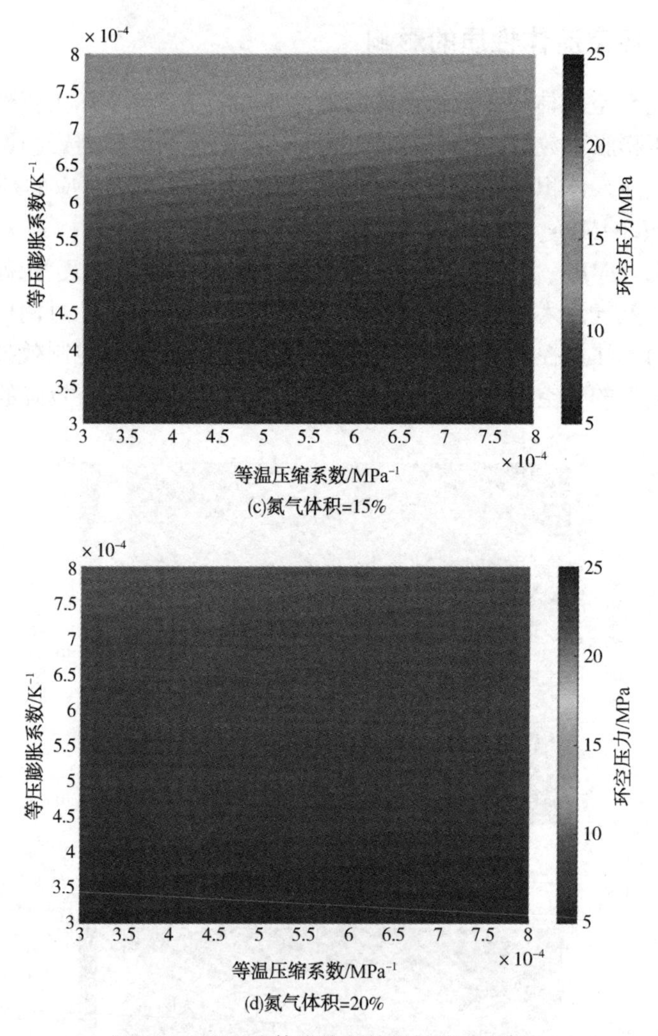

图 6-7 环空液体膨胀压缩性的影响(续)

图 6-8 是产量对调控效果的影响。注入氮气后，密闭环空压力仍然随着产量的增加而增加，但与未注氮气的情况相比，变化趋势逐渐变缓且环空压力增加幅度也随氮气注入量的增加而降低。未注入氮气时，产液量由 50t/d 增加到 800t/d，未注入氮气时的环空压力增加了 39.09MPa，而氮气注入量为 15%条件下的环空压力仅分别增加 4.64MPa。上述数据分析表明，当环空内氮气注入量达到一定数值时，高产油气井筒的密闭环空压力也能够被很好地调控，环空注氮控制密闭环空压力这一措施适用于高产量的深水或深层油气井。

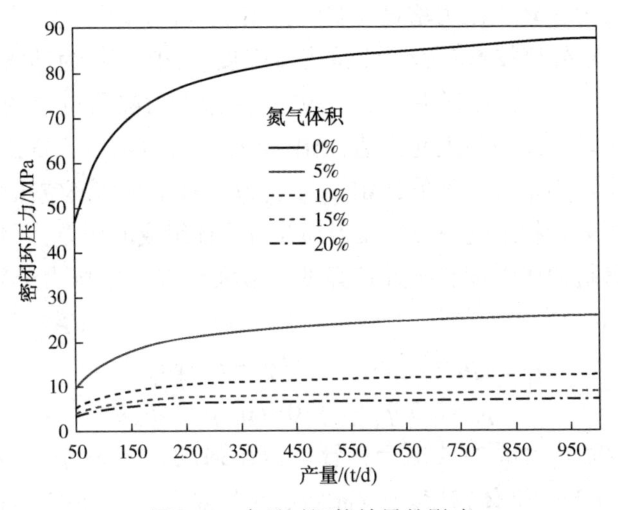

图 6-8　产量对调控效果的影响

6.3　环空注氮控压优化设计

6.3.1　环空注氮控压注入量优化设计方法

为直观表示环空气液分布状态，定义相对气柱长度来表征环空气柱体积，即环空气柱长度与整个环空长度的比值，其与环空气柱体积的关系如式(6-10)和式(6-11)所示：

$$L_{NS}=\frac{h_{gs}}{h_a}=\frac{V_{NS}}{V_a}\times 1000‰ \tag{6-10}$$

$$L_{NC}=\frac{V_{NC}}{V_a+\Delta V_a}\times 1000‰ \tag{6-11}$$

式中，L_{NS}为环空初始相对气柱长度,‰；h_{gs}为环空气柱初始长度，m；L_{NC}为调控作用发挥后的环空相对气柱长度,‰。

目前，环空带压井的日常维护管理方法主要是基于环空最大允许压力建立的，其核心是通过放喷或其他措施把环空压力始终控制在最大允许压力之下，从而避免发生事故。因此，环空压力控制目标就是限定环空压力在允许范围之内，环空注入氮气后的环空压力增量与初始环空压力之和不能超过最大环空允许压力。其中油套环空压力增量控制值应考虑井口设备、油管、套管和封隔器等安全屏障的承压能力，如式(6-12)所示：

$$\Delta p_{aA}\leqslant \min(0.5p_1,\ 0.8p_2,\ 0.75p_3,\ 0.6p_4,\ p_5,\ p_6)-p_{aYA} \tag{6-12}$$

式中，Δp_{aA}为A环空压力增量控制值，MPa；p_1为生产套管最小抗内压强度，MPa；p_2为A环空外侧技术套管最小抗内压强度，MPa；p_3为油管最小抗外挤强度，MPa；p_4为生产套管套管头强度，MPa；p_5为由封隔器位置的生产套管抗内压强度所决定的环空压力最大允许值，MPa；p_6为由封隔器位置的油管抗外挤强度所决定的环空压力最大允许值，MPa；p_{aYA}为A环空预留环空压力，MPa。

完井封隔器处管柱承受由环空压力和井口液柱组成的压差，因此考虑完井封隔器处生产套管抗内压强度和抗外挤强度的最大允许环空压力分别如式(6-13)和式(6-14)所示：

$$p_5 = 0.75p_7 + 10^{-3}(\rho_{cs} - \rho_{co})gh_p \tag{6-13}$$

$$p_6 = 0.75p_8 + p_9 + 10^{-3}(\rho_f - \rho_{co})gh_p \tag{6-14}$$

式中，p_7为完井封隔器处生产套管抗内压强度，MPa；ρ_{cs}为固井水泥浆密度，g/cm^3；ρ_{co}为环空液体密度，g/cm^3；h_p为封隔器所在深度，m；p_8为完井封隔器处油管抗外挤强度，MPa；p_9为开井生产后井口压力，MPa。

中间套管环空压力增量控制值依据管柱和套管头的承压能力确定，如式(6-15)所示：

$$\Delta p_{aC} \leqslant \min(0.5p_{10},\ 0.75p_{11},\ 0.8p_{12}) - p_{aYC} \tag{6-15}$$

式中，Δp_{aC}为中间套管环空压力增量控制值，MPa；p_{10}为环空外层套管最小抗内压强度，MPa；p_{11}为环空内层套管最小抗外挤强度，MPa；p_{12}为环空对应套管头强度，MPa；p_{aYC}为套管环空预留环空压力，MPa。

受限于表层套管承压能力，最外层环空压力增量控制值如式(6-16)所示：

$$\Delta p_{aW} \leqslant \min(0.3p_{13},\ 0.75p_{14},\ 0.6p_{15}) - p_{aYW} \tag{6-16}$$

式中，Δp_{aW}为最外层套管环空压力增量控制值，MPa；p_{13}为表层套管抗内压强度，MPa；p_{14}为最外层环空内侧技术套管抗外挤强度，MPa；p_{15}为表层套管套管头强度，MPa；p_{aYW}为最外层套管环空预留环空压力，MPa。

此处注入量采用的是相对气柱长度，根据对应的温压状态，可获取氮气最优注入量的标况体积和压缩后的相对气柱长度。氮气最优注入量标况体积如式(6-17)所示：

$$V_{NB} = L_{NS}V_a\frac{p_{as}T_{NB}}{p_{NB}T_{as}} \tag{6-17}$$

式中，V_{NB}表示氮气注入量的标况体积，m^3；T_{NB}表示气体标况温度，K；p_{NB}表示气体标况压力，MPa。

定义环空气柱压缩比评价注氮控压调控效率，即初始气柱长度与压缩后气柱长度比值。气柱压缩比越高，表明调控效率越高，反之调控效率则越低，如式(6-18)所示：

$$CR = L_{NS}/L_{NC} \tag{6-18}$$

式中，CR 表示气柱压缩比，无因次。

6.3.2 最优注入量求解与变化规律

环空气柱对井筒温度分布和环空压力增量均产生影响，而环空体积变化又与温压分布相关。因此，根据环空压力增量控制值直接求解气体注入量较为困难。如图 6-9 所示，采用注入量递增和误差迭代结合的方式进行求解。

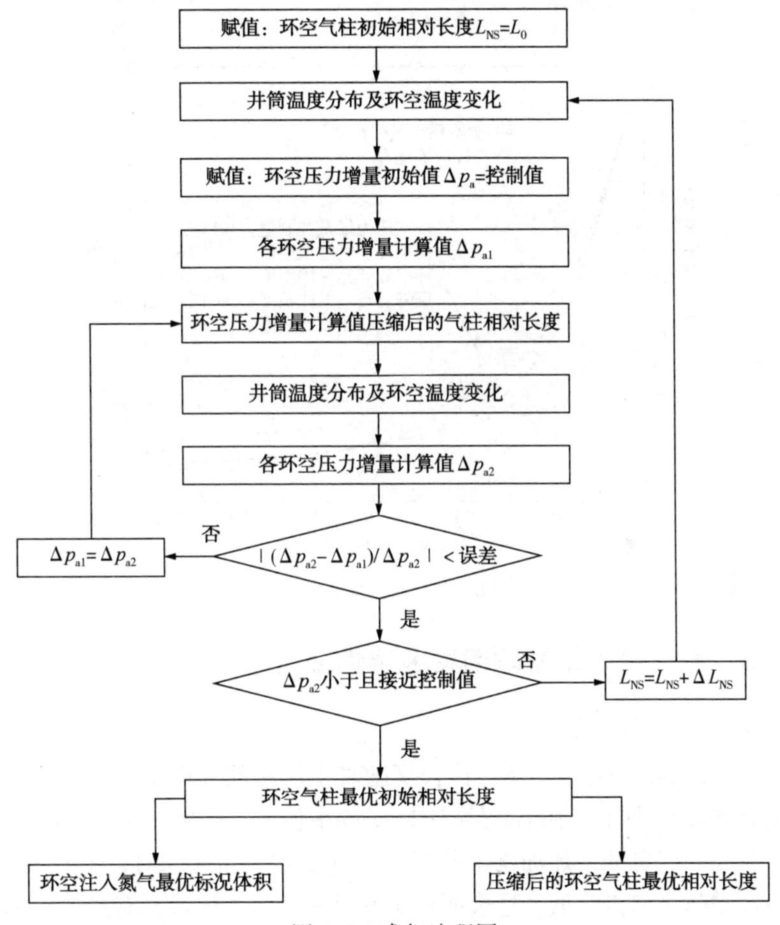

图 6-9 求解流程图

采用如前所述的深水井作为案例对氮气注入量进行优化设计。该井井深 4600m，水深 1260m，考虑到 A 环空压力可调节，以 B 环空为例进行分析。环空气柱初始长度起始值为 7.0‰，递增步长为 0.1‰。如图 6-10 所示，随着氮气气柱初始长度的递增，环空压力增量随之降低。当初始气柱长度递增至69.5‰时，环空压力增量为16.88MPa，低于控制值17MPa。因此，最优氮气气柱初始长度为69.5‰，对应气体标况体积为461.80m³，压缩后的氮气气柱长度为41.17‰，此时气柱压缩比为1.69。图6-10中，环空压力增量的下降速度随着环空初始气柱长度的增加而降低，但下降速度逐步放缓，气柱初始长度增加到100‰时，环空压力降低59.46MPa。当气柱初始长度进一步增加到200%时，环空压力仅降低4.98MPa。这说明注氮空压调控效率在逐渐降低，气柱压缩比的变化也证实了这一规律，尤其是注入量在超过200‰后气柱压缩比接近1.0，调控效率极低。

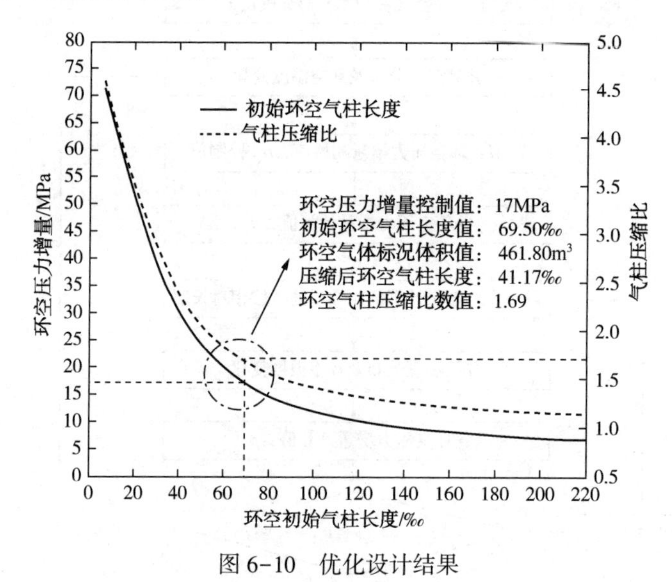

图6-10　优化设计结果

6.3.3　最优注入量影响因素敏感性分析

(1) 生产时间与产量

如图6-11所示，初始环空气柱长度随着生产时间和产量的增加而上升，但趋势逐渐放缓。云图中初始环空气柱长度最小值为17.0‰，最大值为84.3‰，这是因为时间和产量的增加加剧了井筒温度的变化。与此同时，图6-12中的气柱压缩系数则随之略微降低。这表明产量和时间对氮气注入量有显著影响，但对调控效率影响有限。因此，应根据油气井生产计划确定最大产量和持续生产时间，以此为依据进行氮气注入量的优化设计。

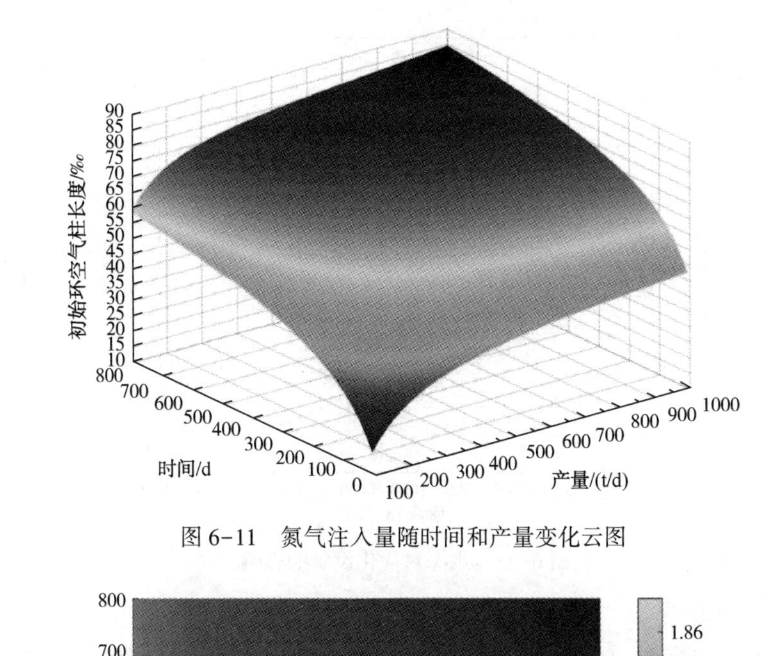

图 6-11　氮气注入量随时间和产量变化云图

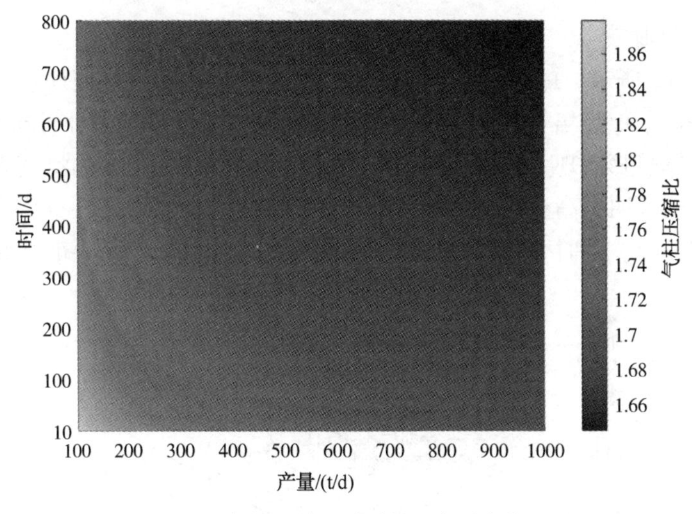

图 6-12　气柱压缩比随时间和产量变化云图

（2）海域水深/初始压力

如图 6-13 所示，为达成环空压力控制值，初始环空气柱长度随着水深的增加而上升，且上升速度加快。压缩后的气柱长度也具有相似的变化规律。气柱压缩比则随着水深的增加而降低。这是因为环空气柱的初始压力包括了从井口到钻井平台的液柱压力，因此水深的增加致使氮气的压缩性能降低，需要增加氮气注入量以达成控压目标。上述分析表明，环空注氮控压仍可用于不同水深情况下的密闭环空压力调控。

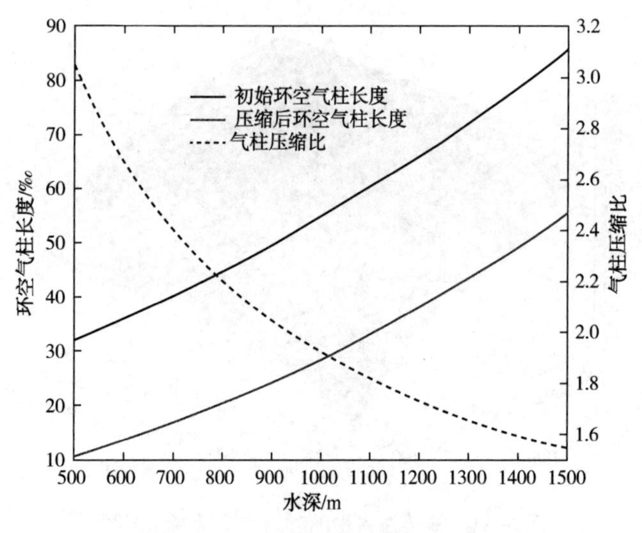

图 6-13　水深对优化设计的影响

(3) 地温梯度

如图 6-14 所示，环空初始气柱长度随着地温梯度的增加而增加，气柱压缩比则随之降低，但降幅较小。这是因为地温梯度上升意味着产出流体温度更高，因此环空液体热膨胀现象加剧，所以同等情况下需要注入更多的氮气来平衡其体积膨胀量。这表明，高温油气藏可以采用注氮的方式控制密闭环空压力，且调控效率受影响较小。同时，为保证注氮控压优化设计的可靠性，应准确测量油气井的井底温度。

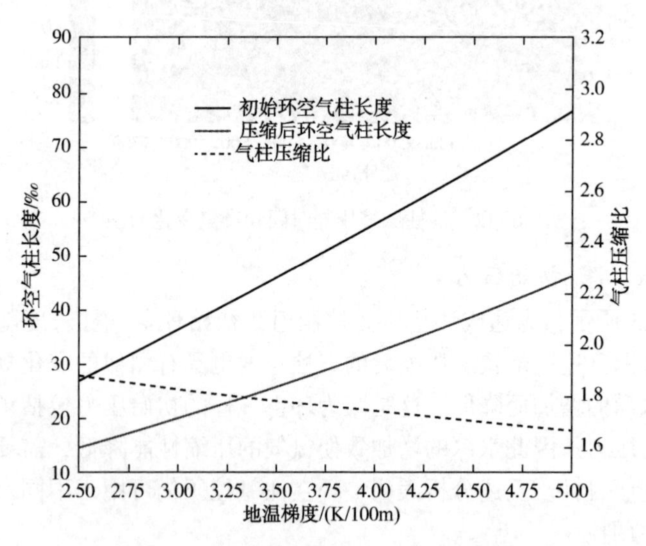

图 6-14　地温梯度对优化设计的影响

(4) 增量控制值

如图 6-15 所示，较高的环空压力增量控制值可降低环空初始气柱长度，同时提高调控效率。然而，受钻完井过程中机械损伤和腐蚀性流体影响，管柱的承压能力随着时间而降低，进而导致环空压力增量控制值降低。因此，深水油气井钻完井过程中应采取钻杆胶皮护箍等来预防管柱发生严重磨损，同时对管柱的磨损程度和腐蚀速率进行预测分析，以此作为依据确定环空压力增量控制值，对注氮量进行优化设计。

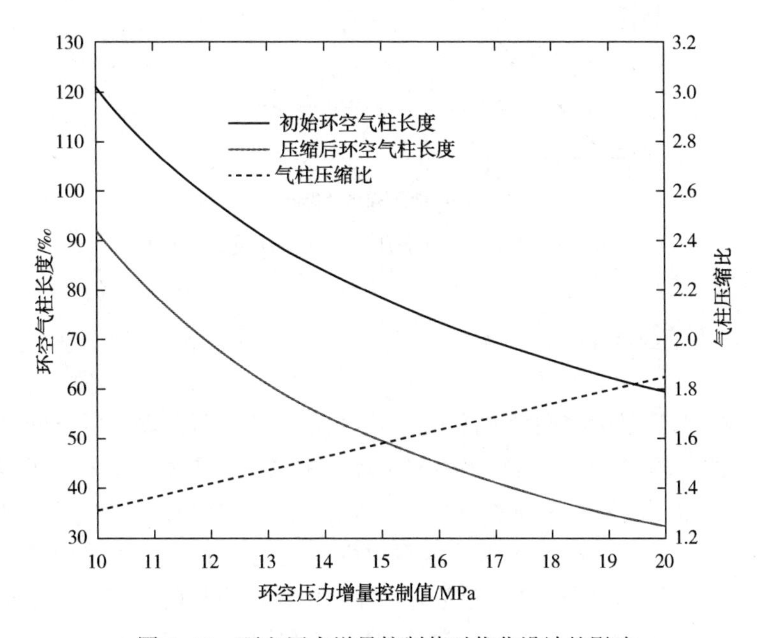

图 6-15 环空压力增量控制值对优化设计的影响

(5) 环空液体膨胀压缩性

如图 6-16 所示，随着环空液体膨胀压缩比的增加，环空初始气柱长度和压缩后的环空气柱长度均上升，但气柱压缩比变化微小，仅从 1.68 变化到 1.71。这表明，高膨胀压缩比的环空液体需要注入更多的气体来平衡体积变化，但对调控效率影响不大。因此，环空液体仍需要保持较低的膨胀压缩比，从而降低控压所需的环空注氮量。此外，环空液体的膨胀压缩性会随着温度发生明显变化，而不同井深条件下温度变化范围也是不同的。因此需要精确测定环空液体膨胀压缩参数，保证注氮控压优化设计的可靠性。

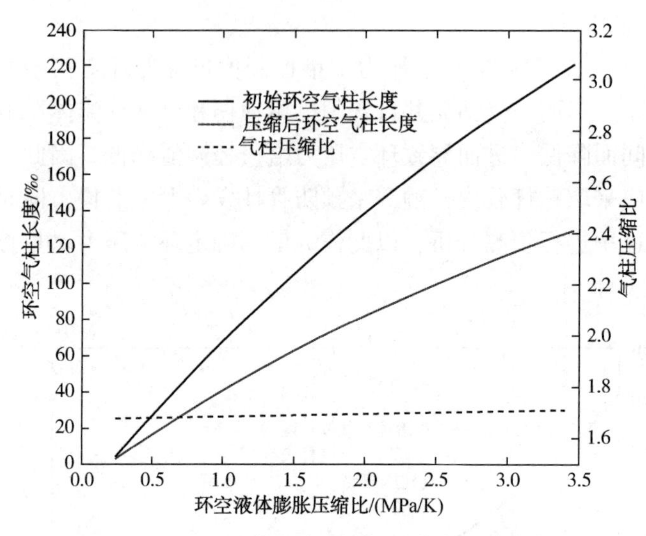

图 6-16　环空液体膨胀压缩性对优化设计的影响

6.4　本章小结

① 建立了环空注氮条件下的密闭环空压力计算模型，提出了空间分段和时间迭代结合的求解方法。分析结果表明，环空中注入高压缩性的氮气可以有效降低密闭环空压力。调控效果随着氮气注入量的增加而提高，但是超过一定量后，增强的效果并不显著。从效费比的角度出发，最佳的氮气注入量应该在 10%～15%。注氮不能改变密闭环空压力随地温梯度增长而增加的趋势，但是可以降低地温梯度过高带来的不利影响。水深的增加会削弱注氮调控的效果，对于深水和超深水油气井，有必要增加氮气的注入量来抵消水深增加带来的不利影响。当注入量达到一定值时，环空注氮对高产量下的密闭环空压力也具有较好的调控效果。

② 高氮气注入量对不同膨胀和压缩性质的环空液体均有较好的调控效果。环空压力随着环空液体膨胀性的增加和压缩性的减小而增加，但增加幅度随着氮气注入量的增加而下降。因此高膨胀性和低压缩性的环空液体，应增加氮气注入体积，维持调控效果。应以油气井最大产量和持续生产时间为依据优化氮气注入量。水深的增加会降低注氮调控效率，但通过增加注入量仍可达成控压目标，因此环空注氮可用于不同水深的环空压力调控。需考虑磨损和腐蚀等因素对管柱承压能力的弱化效应，以此确定环空压力增量控制值，从而满足注氮控压的长期有效性。应尽可能保持较低的环空液体膨胀压缩比，同时精确测定环空液体等温压缩系数和等压膨胀系数的变化规律，提高注氮控压优化设计的准确性。

第7章　结论与建议

7.1　结论

① 密闭环空的有限体积和热膨胀的环空液体之间的矛盾是环空压力上升的根本原因。油气井密闭环空压力的预测需要考虑井筒温度变化、环空体积变化和环空液体压缩及膨胀性的影响。密闭环空压力的累积主要产生于生产初期，变化速度随着时间的增加而放缓。密闭环空压力与地温梯度呈线性关系，高温油气藏中需要格外重视环空压力所带来的潜在风险。

② 环空压力随着环空液体膨胀压缩比的减小而降低。降低环空液体的导热系数能够有效调控环空压力，且调控效果随着导热系数的减小而增强。降低环空饱和度能从根本上消除环空压力。产出液热容流率的增加会导致环空压力上升。为降低环空压力所带来的风险，应研发具有释放套管环空液体能力的设备，实现对环空饱和度的调节。同时研制高可压缩性材料和新型隔热材料，合理配置环空液体的可压缩性和导热性。

③ 密闭环空压力的波动致水泥环与套管界面发生分离并产生微环隙。减小密闭环空压力的波动、提高水泥环的泊松比并降低其弹性模量有利于缩小微环隙的尺寸。增强水泥环-套管界面的胶结强度可以提高同等条件下水泥环-套管界面的耐压能力。环空带压条件下的套管损毁形式为挤毁和变形。管的挤毁薄弱点和屈服薄弱点出现在井口附近。随着环空压力的不断增加，套管随之进入了风险区域。风险区域相对于安全区域较小，因此当环空压力进一步增加时，套管迅速进入危险区域。

④ 分类归纳了主要的密闭环空压力调控措施，包括基于控制环空液体温度的防治措施、基于释放环空热膨胀液体的防治措施和提高环空液体的压缩性。依据调控的时机，调控措施可分为主动调控和被动调控。不同的防治措施在施工难度、成本、可靠性和应用范围上存在差异，目前破裂盘、隔热油管、环空隔热液和可压缩泡沫技术应用较为广泛。

⑤ 双层管壁套管具有独立的泄压空间，可以通过容纳热膨胀的环空液体来降低密闭环空压力。下入数量、内侧管壁的最小承压能力以及限压阀的启动压力

是取得预期调控效果的关键参数。密闭环空压力极限值随着调控套管下入数量的增加而逐渐降低，当下入数量超过一定数值时，密闭环空压力始终保持为零。密闭管控压力的最终调控效果与限压阀启动压力无关，但限压阀启动压力对套管内壁的钢级、壁厚会产生影响。调控套管下入数量随着生产时间和产液量的增加呈现阶梯状增长。准确且合理地预测环空温度变化幅度能够优化双壁中空套管的下入数量，实现低成本高效调控。

⑥ 当隔热管材用于调控密闭环空压力时，其下入的深度存在一个最佳值，该值与环空水泥环顶部深度相等。当超过该最佳值后，密闭环空压力的调控效果不会再加强。采用隔热套管与隔热油管复合隔热的方式可以抵消高产量和高地温梯度带来的不利影响。隔热管材对密闭环空压力的调控效果随着视导热系数的降低而加强，当视导热系数低于一定值时，密闭环空压力的降低幅度加大，效果更加明显。基于最低调控成本和最优调控效果的考虑，设计了用于调控密闭环空压力隔热管材关键参数和组合方式的优化方法，需要优先采用隔热油管，只有当调控效果不理想时，再采用套管+油管复合隔热管柱。

⑦ 氮气注入量的增加可以强化密闭环空压力的调控效果，从密闭环空压力调控效费比的角度出发，环空内氮气的注入量应该维持在10%~15%。水深的增加会削弱调控效果，对于深水和超深水油气井，有必要增加氮气的注入量来抵消水深增加带来的不利影响。环空注氮可用于高地温梯度、高产油气井筒的密闭环空压力调控。应以油气井最大产量和持续生产时间为依据优化氮气注入量。需考虑管柱承压能力的动态变化，以此确定环空压力增量控制值。

7.2 建议

① 高温油气井所处的环境复杂，环空压力所涉及的因素众多，理论分析与室内试验不能全面地反映环空压力的产生过程和调控。应开展油气井套管环空压力的现场监测研究，获取实测数据，与理论研究和室内试验相结合，提高研究水平和准确性，促进研究成果的工业化应用。有必要加强密闭环空压力对井筒完整性危害的研究，从保护井筒完整性的角度出发，制定套管环空最大允许压力计算方法，从而最大可能地释放井筒承压潜力，降低调控成本。

② 密闭环空压力的调控措施众多，应对其他措施的调控效果开展评价研究，并根据地层性质、油气井井身结构和产量计划优化关键参数，最终实现单井的调控措施优选。需进一步突破方法、材料、工艺和装备。密闭环空压力的低成本高效调控仍然是需要解决的关键问题之一。降低成本、智能管控是今后发展的重要方向，通过优化井身结构实现地层-井筒可控交互泄压能够实现上述目标，但其

作用机制和可靠性需要开展研究，以机理突破带动规模应用。

③ 数字化与智能化是解决井筒环空带压的新方向，需要开展相关的基础工作。建立数字孪生井筒，实时获取井筒屏障的状态，利用大数据超前预警、提前预防井筒产生环空高压。当前，需要对数字孪生井筒的底层模型、屏障演变规律和监测监控手段进行研究，大数据方面，需要大范围地采集入井材料参数、相应失效数据工况等，从而提供足够的样本。

参 考 文 献

[1] Pattillo P D, Cocales B W, Morey S C. Analysis of an annular pressure buildup failure during drill ahead[J]. SPE Drilling & Completion, 2006, 21(4): 242-247.

[2] 张波, 管志川, 张琦. 深水油气井开采过程环空压力预测与分析[J]. 石油学报, 2015, 36(8): 1012-1017.

[3] 李军, 杨宏伟, 张辉, 等. 深水油气钻采井筒压力预测及其控制研究进展[J]. 中国科学基金, 2021, 35(6): 973-983.

[4] Zhang B, Xu Z, Lu N, et al. Characteristics of sustained annular pressure and fluid distribution in high pressure and high temperature gas wells considering multiple leakage of tubing string [J]. Journal of Petroleum Science and Engineering, 2021, 196: 108083.

[5] 杨进, 唐海雄, 刘正礼, 等. 深水油气井套管环空压力预测模型[J]. 石油勘探与开发, 2013, 40(5): 616-619.

[6] Conley S, Franco G, Faloona I, et al. Methane emissions from the 2015 Aliso Canyon blowout in Los Angeles, CA[J]. Science, 2016, 351(6279): 1317-1320.

[7] Vargo Jr R F, Payne M, Faul R, et al. Practical and successful prevention of annular pressure buildup on the Marlin project[J]. SPE drilling & completion, 2003, 18(3): 225-234.

[8] Pattillo P D, Sathuvalli U B, Rahman S M, et al. Mad Dog Slot W1 tubing deformation failure analysis[C]//SPE Annual Technical Conference and Exhibition? SPE, 2007: SPE-109882-MS.

[9] Lentsch D, Dorsch K, Sonnleitner N, et al. Prevention of casing failures in ultra-deep geothermal wells (Germany)[J]. Prevention, 2015, 19: 25.

[10] Brown J, Kenny N, Slagmulder Y. Unique cement design to mitigate trapped annular pressure TAP between two casing strings in steam injection wells[C]//SPE International Heavy Oil Conference and Exhibition. SPE, 2016: D021S008R001.

[11] Yan W, Zou L, Li H, et al. Investigation of casing deformation during hydraulic fracturing in high geo-stress shale gas play[J]. Journal of Petroleum Science and Engineering, 2017, 150: 22-29.

[12] Liu S, Li X, Sun T, et al. Calculation of the hydraulic extension limit of an extended-reach well with allowance for the power limitations of the available mud pumps[J]. Chemistry and Technology of Fuels and Oils, 2016, 51: 713-718.

[13] 肖太平, 张智, 石榆帆, 等. 基于井下作业载荷的A环空带压值计算研究[J]. 钻采工艺, 2012, 35(3): 65-66.

[14] 管志川, 柯珂, 苏堪华. 深水钻井井身结构设计方法[J]. 石油钻探技术, 2011, 39(2): 16-20.

[15] 罗鸣, 高德利, 李文拓, 等. 海洋深水高温高压气井环空带压管理[J]. 天然气工业, 2020, 40(2): 115-121.

[16] Adams A. How to design for annulus fluid heat-up[C]//SPE Annual Technical Conference and Exhibition? SPE, 1991: SPE-22871-MS.

[17] Ferreira M V, Santos A R, Vanzan V. Thermally insulated tubing application to prevent annular pressure buildup in Brazil offshore fields[C]//SPE Deepwater Drilling and Completions Confer-

ence. SPE, 2012: SPE-151044-MS.

[18] Perdana T P A, Zulkhifly S. Annular pressure build up in subsea well[C]//Proceedings of Indonesian Petroleum Association Thirty-Nineth Annual Convention & Exhibition. 2015.

[19] Zhang F, Ding L, Yang X. Prediction of pressure between packers of staged fracturing pipe strings in high-pressure deep wells and its application[J]. Natural Gas Industry B, 2015, 2(2): 252-256.

[20] 张智，王汉．多封隔器密闭环空热膨胀力学计算方法及应用[J]．天然气工业，2016，36(4)：65-72.

[21] Sun T, Zhang X, Liu S, et al. Annular pressure buildup calculation when annulus contains gas[J]. Chemistry and Technology of Fuels and Oils, 2018, 54: 484-492.

[22] 丁亮亮，杨向同，刘洪涛，等．超深水平井尾管悬挂器下部环空压力预测及其应用[J]．石油钻采工艺，2015，37(5)：10-13.

[23] Eaton L F, Reinhardt W R, Bennett J S. Liner hanger trapped annulus pressure issues at the magnolia deepwater development[C]//IADC Drilling Conference and Exhibition. SPE, 2006: SPE-99188-MS.

[24] Zhang Z, Wang H. Sealed annulus thermal expansion pressure mechanical calculation method and application among multiple packers in HPHT gas wells[J]. Journal of Natural Gas Science and Engineering, 2016, 31: 692-702.

[25] Jonathan B, Sparre K S, Franz M. Annular pressure build-up analysis and methodology with example from multifrac horizontal wells and HPHT reservoirs[C]//IADC Drilling Conference and Exhibition. Amsterdam, The Netherlands, 5 - 7 March. 2013.

[26] Ai S, Cheng L, Huang S, et al. A critical production model for deep HT/HP gas wells[J]. Journal of Natural Gas Science and Engineering, 2015, 22: 132-140.

[27] 乔智国，毛军，叶翠莲，等．含硫高产气井套压预测技术与应用[J]．天然气技术与经济，2013，7(2)：39-41.

[28] 古小红，母建民，石俊生，等．普光高含硫气井环空带压风险诊断与治理[J]．断块油气田，2013，20(5)：663-666.

[29] Wang X, Pang X, Xian M, et al. Numerical Study on Transient Annular Pressure Caused by Hydration Heat during Well Cementing[J]. Applied Sciences, 2022, 12(7): 3556.

[30] 张波，曹立虎，邹博，等．基于服役环境的井筒环空起压典型案例与检测方法解析[C]//2023年油气田勘探与开发国际会议．

[31] 高德利，刘奎．页岩气井井筒完整性若干研究进展[J]．石油与天然气地质，2019，40(3)：602-615.

[32] 田军，刘洪涛，滕学清，等．塔里木盆地克拉苏构造带超深复杂油气田全生命周期地质工程一体化实践[J]．中国石油勘探，2019，24(2)：165-173.

[33] Pai R, Gupta A, Sathuvalli U B, et al. Validation of transient annular pressure build-up APB model predictions with field measurements in an offshore well and characterization of uncertainty bounds[C]//IADC/SPE International Drilling Conference and Exhibition. OnePetro, 2020.

[34] 龙刚，李猛，管志川，等．深井套管安全可靠性评价方法[J]．石油钻探技术，2013，41(4)：45-53.

[35] Mao L, Cai M, Wang G. Effect of rotation speed on the abrasive - erosive - corrosive wear of steel pipes against steel casings used in drilling for petroleum[J]. Wear, 2018, 410: 1-10.

[36] Yin F, Gao D. Mechanical analysis and design of casing in directional well under in-situ stresses [J]. Journal of Natural Gas Science and Engineering, 2014, 20: 285-291.

[37] 尹飞，高德利，赵景芳，等. 储层压实预测与定向井筒完整性评价研究[J]. 岩石力学与工程学报，2015，34(增2)：4171-4177.

[38] Zhang X, Sun T, Liu S, et al. Effect of Deformation of the Casing String on Annular Pressure Buildup [J]. Chemistry and Technology of Fuels and Oils , 2018, 54: 632-640.

[39] Zhang F, Jiang Z, Chen Z, et al. Hydraulic fracturing induced fault slip and casing shear in Sichuan Basin: A multi-scale numerical investigation[J]. Journal of Petroleum Science and Engineering, 2020, 195: 107797

[40] Bradford D W, Fritchie D G, Gibson D H, et al. Marlin failure analysis and redesign: part 1-description of failure[J]. SPE Drilling & Completion, 2004, 19(2): 101-104.

[41] Mainguy M, Innes R. Explaining sustained "A"-annulus pressure in major North Sea high-pressure/high-temperature fields[J]. SPE Drilling & Completion, 2019, 34(1): 71-80.

[42] Zhao L, Yan Y, Wang P, et al. A risk analysis model for underground gas storage well integrity failure[J]. Journal of Loss Prevention in the Process Industries, 2019, 62: 103951.

[43] Cao L, Sun J, Zhang B, et al. Analysis of multiple annular pressure and pressure channel in gas storage well and high pressure gas well[J]. Energy Engineering, 2023, 120(1): 35-48.

[44] Klementich E F, Jellison M J. A service-life model for casing strings[J]. SPE Drilling Engineering, 1986, 1(2): 141-152.

[45] Oudeman P, Bacarreza L J. Field trial results of annular pressure behavior in a high-pressure/high-temperature well[J]. SPE Drilling & Completion, 1995, 10(2): 83-88.

[46] Oudeman P, Kerem M. Transient behavior of annular pressure build-up in HP/HT wells [J]. SPE Drilling & Completion, 2006, 21(4): 233-241.

[47] Tengfei S, Xingquan Z, Meizhu W, et al. Experimental Determination of Drilling Fluid Thermal Parameters When Calculating APB[J]. Chemistry and Technology of Fuels and Oils, 2020, 56: 87-95.

[48] Hasan A R, Kabir C S. Wellbore heat-transfer modeling and applications[J]. Journal of Petroleum Science and Engineering, 2012, 86: 124-136.

[49] Hasan R, Izgec B, Kabir S. Sustaining production by managing annular-pressure buildup [J]. SPE Production & Operations, 2010, 25(2): 195-203.

[50] Sultan N W, Faget J B P, Fjeldheim M, et al. Real-time casing annulus pressure monitoring in a subsea HP/HT exploration well[C]//Offshore Technology Conference. OTC, 2008: OTC-19286-MS.

[51] Bellarby J, Kofoed S S, Marketz F. Annular pressure build-up analysis and methodology with examples from multifrac horizontal wells and HPHT reservoirs[C]//SPE/IADC Drilling Conference and Exhibition. SPE, 2013: SPE-163557-MS.

[52] Kang Y, Liu Z, Gonzales A, et al. Investigating the Influence of ESP on Wellbore Temperature, Pressure, Annular Pressure Buildup, and Wellbore Integrity[C]//SPE Deepwater Drilling and

Completions Conference. OnePetro, 2016.

[53] Kang Y, Gonzales A, Liu Z, et al. Modeling and Simulation of Annular Pressure Buildup APB in a Deepwater Wellbore with Vacuum-Insulated Tubing[C]//SPE/IADC Drilling Conference and Exhibition. SPE, 2017: D031S017R002.

[54] Ferreira M V D, Hafemann T E, Barbosa Jr J R, et al. A Numerical Study on the Thermal Behavior of Wellbores[J]. SPE Production & Operations, 2017, 31(4): 564 - 574.

[55] Maiti S, Gupta H, Vyas A, et al. Evaluating Precision of Annular Pressure Buildup (APB) Estimation Using Machine-Learning Tools[J]. SPE Drilling & Completion, 2022, 37(1): 93-103.

[56] 邓元洲，陈平，张慧丽．迭代法计算油气井密闭环空压力[J]. 海洋石油，2006，26(2)：93-96.

[57] 高宝奎．高温引起的套管附加载荷实用计算模型[J]. 石油钻采工艺，2002，24(1)：5-10.

[58] 车争安，张智，施太和，等．高温高压含硫气井环空流体热膨胀带压机理[J]. 天然气工业，2010 (2)：88-90.

[59] 张智，向世林，冯潇霄，等．深水油气井非稳态测试环空压力预测模型[J]. 天然气工业，2020，40(12)：80-87.

[60] Gao D, Qian F, Zheng H. On a method of prediction of the annular pressure buildup in deepwater wells for oil & gas[J]. CMES: Computer Modeling in Engineering & Sciences, 2012, 89 (1): 1-16.

[61] 胡伟杰，王建龙，张卫东．深水钻井密闭环空圈闭压力预测及释放技术[J]. 中外能源，2012 (8)：41-45.

[62] 张百灵，杨 进，黄小龙，等．深水井筒环空压力计算模型适应性评价[J]. 石油钻采工艺，2015，37(1)：56-59.

[63] Liu J, Fan H, Peng Q, et al. Research on the prediction model of annular pressure buildup in subsea wells[J]. Journal of Natural Gas Science and Engineering, 2015, 27: 1674-1683.

[64] Liu J, Fan H, Zhu L, et al. Development of a transient method on predicting multi-annuli temperature of subsea wells[J]. Journal of Petroleum Science and Engineering, 2017, 157: 295-301.

[65] 窦益华，薛帅，曹银萍．高温高压井套管多环空压力体积耦合分析[J]. 石油机械，2016，44(1)：71-74.

[66] 王黎松，高宝奎，胡天祥，等．考虑材料非线性的环空增压预测模型[J]. 石油学报，2020，41(2)：235-243.

[67] 宋闯，张晓诚，谢涛，等．渤海“三高”气井环空早期圈闭压力预测[J]. 石油学报，2022，43(5)：693-707.

[68] 张更，李军，柳贡慧，等．深水油气井全生命周期环空圈闭压力预测模型[J]. 石油机械，2022，50(4)：49-55.

[69] Bourgoyne A T, Scott S L, Regg J B. Sustained casing pressure in offshore producing wells [C]//Offshore Technology Conference. OTC, 1999: OTC-11029-MS.

[70] Adams A J, MacEachran A. Impact on casing design of thermal expansion of fluids in confined annuli[J]. SPE Drilling & Completion, 1994, 9(03): 210-216.

[71] Ellis R C, Fritchie Jr D G, Gibson D H, et al. Marlin failure analysis and redesign: part 2-redesign[J]. SPE Drilling & Completion, 2004, 19(2): 112-119.

[72] 孔祥伟，孙腾飞，许洪星，等．一种考虑虚拟质量力的井筒气液两相压力波色散经验模型[J]．力学季刊，2023，44(03)：652-661.

[73] Gosch S W, Horne D J, Pattillo P D, et al. Marlin failure analysis and redesign: part 3-VIT completion with real - time monitoring [J]. SPE Drilling & Completion, 2004, 19 (2): 120-128.

[74] Zhang Z, Zhou Z, He Y, et al. Study of a model of wellhead growth in offshore oil and gas wells[J]. Journal of Petroleum Science and Engineering, 2017, 158: 143-151.

[75] 张智，王汉．考虑环空热膨胀压力分析高温高压气井井口抬升[J]．工程热物理学报，2017，38(2)：264-276.

[76] 郑双进，谢仁军，黄志强，等．深水高温高压油气生产致井口抬升预测研究[J]．中国海上油气，2021，33(3)：126-134.

[77] 彭建云，周理志，阮洋，等．克拉 2 气田高压气井风险评估[J]．天然气工业，2008，28(10)：110-112.

[78] 张福祥，丁亮亮，杨向同．高压低渗井分段改造管柱失效风险分析及预防措施[J]．钻采工艺，2015，38(5)：32-34，7.

[79] 张福祥，丁亮亮，杨向同．高压深井分段改造管柱封隔器间压力预测及应用[J]．天然气工业，2015，35(3)：74-78.

[80] 刘奎，高德利，曾静，等．温度与压力作用下页岩气井环空带压力学分析[J]．石油钻探技术，2017，45(3)：8-14.

[81] 高德利，王宴滨．深水钻井管柱力学与设计控制技术研究新进展[J]．石油科学通报，2016，1(1)：61-80.

[82] Zeng D, He Q, Yu Z, et al. Risk assessment of sustained casing pressure in gas wells based on the fuzzy comprehensive evaluation method[J]. Journal of Natural Gas Science and Engineering, 2017, 46: 756-763.

[83] Ding L, Rao J, Xia C. Transient prediction of annular pressure between packers in high-pressure low-permeability wells during high-rate, staged acid jobs[J]. Oil & Gas Science and Technology - Rev. IFP Energies nouvelles, 2020, 75(49): 1-11.

[84] 王宴滨，曾静，高德利．环空带压对深水水下井口疲劳损伤的影响规律[J]．天然气工业，2020，40(12)：116-123.

[85] 乐宏，范宇，李玉飞．高温高压含硫气井完整性关键技术——以安岳特大型气田为例[J]．天然气工业，2022，42(3)：81-90.

[86] Leach C P, Adams A J. A new method for the relief of annular heat-up pressures[C]//SPE Oklahoma City Oil and Gas Symposium/Production and Operations Symposium. SPE, 1993: SPE-25497-MS.

[87] Williamson R, Sanders W, Jakabosky T, et al. Control of contained-annulus fluid pressure buildup[C]//SPE/IADC Drilling Conference. OnePetro, 2003.

[88] Kong X, Zhang C, Jin Y, et al. Gas Overflow model and analysis in a fractured formation [J]. Chemistry and Technology of Fuels and Oils, 2021, 57: 865-869.

[89] Loder T, Evans J H, Griffith J E. Prediction of and effective preventative solution for annular fluid pressure buildup on subsea completed wells-case study[C]//SPE Annual Technical Conference and Exhibition? SPE, 2003: SPE-84270-MS.

[90] Ezzat A M, Miller J J, Ezell R G, et al. High-performance water-based insulating packer fluids [C]//SPE Annual Technical Conference and Exhibition? SPE, 2007: SPE-109130-MS.

[91] Bloys B, Gonzalez M, Lofton J, et al. Trapped annular pressure mitigation: a spacer fluid that shrinks: update [C]//SPE/IADC Drilling Conference and Exhibition. SPE, 2008: SPE-112872-MS.

[92] Liu Z, Samuel R, Gonzales A, et al. Modeling and simulation of annular pressure buildup (APB) mitigation using rupture disk [C]//IADC/SPE Drilling Conference and Exhibition. OnePetro, 2016.

[93] Liu Z, Samuel R, Gonzales A, et al. Modeling and simulation of annular pressure buildup APB management using syntactic foam in HP/HT deepwater wells[C]//SPE Deepwater Drilling and Completions Conference. SPE, 2016: D012S018R004.

[94] Osgouei R E, Miska S Z, Ozbayoglu M E, et al. Annular pressure build up (APB) analysis-optimization of fluid rheology[C]//SPE Deepwater Drilling and Completions Conference. SPE, 2014: D021S009R001.

[95] Rizkiaputra R, Siregar R, Wibowo T, et al. A new method to mitigate annular pressure buildup by using sacrificial casing, case study: a deepwater well in Indonesia[C]//SPE/IADC Drilling Conference and Exhibition. SPE, 2016: D021S011R002.

[96] Sathuvalli U, Pilko R M, Gonzalez A, et al. Design and Performance of Annular-Pressure-Buildup Mitigation Techniques[J]. SPE Drilling & Completion, 2017, 32(3): 168-183.

[97] Miller R A, Coy A, Frank G, et al. Advancements in APB mitigation for thunder horse wells [C]//SPE/IADC Drilling Conference and Exhibition. SPE, 2017: D021S011R001.

[98] da Veiga A P, Martins I O, Barcelos J G A, et al. Predicting thermal expansion pressure build-up in a deepwater oil well with an annulus partially filled with nitrogen[J]. Journal of Petroleum Science and Engineering, 2022, 208: 109275.

[99] 王树平，李治平，陈平，等．高温油气引发套管附加载荷预防模型[J]．天然气工业，2007，27(9)：83-86.

[100] 王树平，李治平，陈平，等．减小由温度引起套管附加载荷的方法研究[J]．西南石油大学学报：自然科学版，2007，29(6)：149-152.

[101] 李勇，王兆会，陈俊，等．储气库井油套环空的合理氮气柱长度[J]．油气储运，2011，30(12)：923-926.

[102] 黄小龙，严德，田瑞瑞，等．深水套管环空圈闭压力计算及控制技术分析[J]．中国海上油气，2014，26(6)：61-65.

[103] 阚长宾，杨进，于晓聪，等．深水高温高压井隔热测试管柱技术[J]．石油钻采工艺，2016，38(6)：796-800.

[104] Dong G, Chen P. A review of the evaluation methods and control technologies for trapped annular pressure in deepwater oil and gas wells[J]. Journal of Natural Gas Science and Engineering, 2017, 37: 85-105.

[105] 黎丽丽，彭建云，张宝，等. 高压气井环空压力许可值确定方法及其应用[J]. 天然气工业，2013，33(1)：101-104.

[106] 艾爽，程林松，刘红君，等. 深层高温高压气井临界产量计算模型[J]. 计算物理，2015，32(3)：324-333.

[107] Hu Z, Yang J, Liu S, et al. Prediction of sealed annular pressure between dual packers in HPHT deepwater wells[J]. Arabian Journal of Geosciences, 2018, 11: 1-11.

[108] 赵维青，冷雪霜，陈彬，等. 深水水下井口环空压力监测及诊断方法[J]. 石油矿场机械，2016，45(12)：5-10.

[109] 同武军，赵维青，杜威，等. 南中国海深水开发井环空压力管理实践[J]. 石油化工应用，2017，36(9)：24-27.

[110] 同武军，刘和兴，吴旭东，等. 可泄压环空的环空压力管理技术研究[J]. 重庆科技学院学报：自然科学版，2017，19(1)：82-84.

[111] 丁亮亮，杨向同，张红，等. 高压气井环空压力管理图版设计与应用[J]. 天然气工业，2017，37(3)：83-88.

[112] 杨海波，曹建国，李洪波. 弹性与塑性力学简明教程[M]. 北京：清华大学出版社，2011.

[113] Ramey Jr H J. Wellbore heat transmission[J]. Journal of Petroleum Technology, 1962, 14(4): 424-435.

[114] Holst P H, Flock D L. Wellbore behaviour during saturated steam injection[J]. Journal of Canadian Petroleum Technology, 1966, 5(4): 183-193.

[115] 宋洵成，管志川，韦龙贵，等. 保温油管海洋采油井筒温度压力计算耦合模型[J]. 石油学报，2012，33(6)：1063-1067.

[116] Zhang B, Sun B, Deng J, et al. Method to optimize the volume of nitrogen gas injected into the trapped annulus to mitigate thermal-expanded pressure in oil and gas wells[J]. Journal of Natural Gas Science and Engineering, 2021, 96: 104334.

[117] Sun T, Liu H, Zhang Y, et al. Numerical simulation and optimization of the in-situ heating and cracking process of oil shale[J]. Oil Shale, 2023, 40(3): 212-233.

[118] 李兆敏，张丁涌，衣怀峰，等. 多元热流体在井筒中的流动与传热规律[J]. 中国石油大学学报：自然科学版，2012，36(6)：79-83，88.

[119] 王瑞和，倪红坚. 二氧化碳连续管井筒流动传热规律研究[J]. 中国石油大学学报：自然科学版，2013，37(5)：65-70.

[120] Chen A H, An explicit equation for (calculating the) friction factor in a pipe[J]. Industrial and Engineering Chemistry Research Fundamentals, 1979, 18(3): 296-297.

[121] 王弥康. 注蒸汽井井筒热传递的定量计算[J]. 石油大学学报：自然科学版，1994，18(4)：74-82.

[122] 赵效锋，管志川，史玉才，等. 固井界面微环隙产生机制及计算方法[J]. 中国石油大学学报：自然科学版，2017，41(5)：93-101.

[123] Zhang H, Sun T, Gao D, et al. Modeling deepwater well killing [J]. Chemistry and Technology of Fuels and Oils, 2014, 50: 71-77.

[124] 初纬，沈吉云，杨云飞，等．连续变化内压下套管-水泥环-围岩组合体微环隙计算[J]．石油勘探与开发，2015，42(3)：379-385.

[125] Zhang B, Guan Z, Lu N, et al. Control and analysis of sustained casing pressure caused by cement sealed integrity failure[C]//Offshore Technology Conference Asia. OTC, 2018: D031S028R002.

[126] 李军，陈勉，柳贡慧，等．套管，水泥环及井壁围岩组合体的弹塑性分析[J]．石油学报，2005，26(6)：99-103.

[127] Zhao X, Guan Z, Xu M, et al. The influence of casing-sand adhesion on cementing bond strength[J]. PloS one, 2015, 10(6): 1-11.

[128] Rokhlin SI, Kim J-Y, Nagy H, et al. Effect of pitting corrosion on fatigue crack initiation and fatiguelife[J]Eng Fract Mech. 1999, 62(3-5): 425-444.

[129] Santos H L, Rocha J S, Ferreira M V, et al. APB mitigation techniques and design procedure [C]//Offshore Technology Conference Brasil. OTC, 2015: D011S007R006.

[130] Li C, Guan Z, Zhang B, et al. Failure and mitigation study of packer in the deepwater HTHP gas well considering the temperature-pressure effect during well completion test[J]. Case Studies in Thermal Engineering, 2021, 26: 101021.

[131] 熊爱江，杨进，宋宇，等．油气井用破裂盘测试与破裂压力模型研究[J]．压力容器，2017，34(8)：1-6.

[132] Raska N, Haugen D. Reversible rupture disk apparatus and method[P]. U. S. Patent Application: 10/547616, 2003-3-1.

[133] Mitchell R F. System, method and computer program product to simulate the progressive failure of rupture disks in downhole environments[P]. U. S. Patent: 9009014, 2015-3-14.

[134] Staudt J J. Method for preventing critical annular pressure buildup[P]. U. S. Patent: 6457528, 2002-10-1.

[135] Ricko R, Ronny S. Comprehensive annular pressure buildup mitigation strategy by modifying top of cement placement design in loss circulation zone, case study a deepwater well in indonesia[C]//SPE 180559, 2016.

[136] Tahmourpour F, Hashki K, El Hassan H I. Different methods to avoid annular pressure buildup by appropriate engineered sealant and applying best practices (cementing and drilling) [J]. SPE Drilling & Completion, 2010, 25(2): 245-252.

[137] Calcada L A, Scheid C M, da Cruz Meleiro L A, et al. Designing fluid properties to minimize barite sag and its impact on annular pressure build up mitigation in producing offshore wells [C]//OTC Brasil. OnePetro, 2017.

[138] 贾利春，陈勉，侯冰，等．裂缝性地层钻井液漏失模型及漏失规律[J]．石油勘探与开发，2014，41(1)：95-101.

[139] 邹德永，赵建，郭玉龙，等．渗透性砂岩地层漏失压力预测模型[J]．石油钻探技术，2014，42(1)：33-36.

[140] Santiapichi J, Febbraro A, Fuller G A, et al. Placing cement plugs up to 6, 500ft in length through the use of sacrificial pipe in deepwater environments[C]//SPE Deepwater Drilling and

Completions Conference. OnePetro, 2016.

[141] Minhas A, Friess B, Shirkavand F, et al. Hollow-glass sphere application in drilling fluids: Case study[C]//SPE Western Regional Meeting. SPE, 2015: SPE-174010-MS.

[142] Budov V. V. Hollow glass microspheres use, properties, and technology (Review)[J]. Glass and ceramics, 1994, 51(4-8): 230-235.

[143] Al-Yami A S, Al-Awami M, Wagle V. Investigation of stability of hollow glass spheres in fluids and cement slurries for potential field applications in saudi arabia[C]//SPE Kuwait Oil and Gas Show and Conference. OnePetro, 2015.

[144] Terdre N. Syntactic foam wrap helps protect casings against HP/HT damage[J]. Offshore, 2009, 69(3): 70.

[145] Wood E T, Gerrard D P, Falkner J C, et al. Confined volume pressure compensation due to thermal loading[P]. U. S. Patent: 9488030, 2016-11-8.

[146] Gerrard D P, Wood E T. Annular pressure regulating diaphragm and methods of using same [P]. U. S. Patent: 8739889, 2013-6-3.

[147] Orr B R, Wood E T, Mills A C. Apparatus and method for compensating for pressure changes within an isolated annular space of a wellbore[P]. U. S. Patent: 8347969, 2013-1-8.

[148] Kan C, Yang J, Yu X, et al. A novel mitigation on deepwater annular pressure buildup: Unidirectional control strategy[J]. Journal of Petroleum Science and Engineering, 2018, 162: 574-587.

[149] 张永贵，李子丰，张立萍．真空隔热套管井筒套管强度研究[J]．工程力学，2010，27(5)：179-183.

[150] I L Purdy, A J Cheyne. Evaluation of vacuum-insulated tubing for paraffin control at Norman wells[C]//International Arctic Technology Conference, Anchorage, Alaska, USA, May 29-31, 1991.

[151] Davalath J, Barker J W. Hydrate inhibition design for deepwater completions[J]. SPE Drilling & Completion, 1995, 10(2): 115-121.

[152] Guan Z, Zhang B, Wang Q, et al. Design of thermal-insulated pipes applied in deepwater well to mitigate annular pressure build-up[J]. Applied Thermal Engineering, 2016, 98: 129-136.

[153] 赵利昌，林涛，孙永涛，等．氮气隔热在渤海油田热采中的应用研究[J]．钻采工艺，2013，36(1)：43-45.

[154] Zhang B, Guan Z, Hasan A R, et al. Development and design of new casing to mitigate trapped annular pressure caused by thermal expansion in oil and gas wells[J]. Applied Thermal Engineering, 2017, 118: 292-298.

[155] 蒋敏，檀朝东，李隽，等．储气库井油套环空注保护液和氮气柱对比[J]．石油学报，2017，38(10)：1210-1216.

[156] 张波，管志川，胜亚楠，等．深水油气井井筒内流体特性对密闭环空压力的影响[J]．石油勘探与开发，2016，43(5)：799-805.

[157] 张波，管志川，陆努，等．油气井密闭环空压力调控技术研究现状与展望[J]．中国海上油气，2018，30(6)：135-144.